工业数字孪生。

技术架构·应用场景·行业实践

冯 方 翁微妮 赵国利 / 著

化学工业出版社

·北京·

内 容 简 介

本书立足于"工业4.0"与"中国制造2025"的时代背景，针对我国当前工业经济的发展现状与趋势，全面阐述工业数字孪生的概念特征、实现路径与关键技术体系，系统介绍了工业数字孪生系统的行业应用、功能架构与运行模式；详细梳理了国内外知名工业数字孪生平台及典型案例，分别从设备数字孪生、生产线数字孪生、工厂数字孪生三个层面，深度剖析数字孪生技术在工业制造领域的实践场景；细致分析了工业数字孪生与工业互联网、工业元宇宙之间的关系，以及三者的融合应用，并进一步探讨数字孪生在石油化工、综合能源、智慧城市、智慧交通等工业细分领域的落地路径，深度剖析数字孪生技术在智能制造领域的融合与创新应用，为传统制造业企业的数字化转型升级提供有益的借鉴和参考。

图书在版编目（CIP）数据

工业数字孪生：技术架构·应用场景·行业实践 /
冯方，翁微妮，赵国利著 . —北京：化学工业出版社，
2024.6
  ISBN 978-7-122-45414-0

Ⅰ.①工… Ⅱ.①冯… ②翁… ③赵… Ⅲ.①工业工
程 – 数字技术 Ⅳ.① TB-39

中国国家版本馆 CIP 数据核字（2024）第 072547 号

责任编辑：夏明慧   文字编辑：蔡晓雅
责任校对：王鹏飞   装帧设计：卓义云天

出版发行：化学工业出版社 (北京市东城区青年湖南街 13 号   邮政编码 100011)
印   装：三河市双峰印刷装订有限公司
710mm×1000mm   1/16   印张 15   字数 250 千字   2024 年 6 月北京第 1 版第 1 次印刷

购书咨询：010-64518888   售后服务：010-64518899
网   址：http://www.cip.com.cn
凡购买本书，如有缺损质量问题，本社销售中心负责调换。

定   价：85.00 元

前　言

　　自 2017 年开始，"数字经济"多次被写入我国政府工作报告。时至今日，我国已进入数字经济时代，数字化浪潮正逐步渗透经济社会发展的方方面面。作为数字经济时代具有代表性的新兴技术，数字孪生技术在近几年取得了突破性的进展，能够为数字经济的发展带来新的机遇。

　　所谓数字孪生技术，即通过运用大数据等技术对相关物理实体的模型数据、建筑信息、地理信息等进行实时采集和分析，并据此建立与物理实体对应的虚拟模型，在虚拟空间中模拟和分析物理实体的运转过程，从而对其进行全生命周期的管理和控制。随着人工智能、大数据、云计算、物联网等新一代信息技术的发展，数字孪生技术的应用场景也越来越广阔。目前，包括工业制造、环境保护、医疗健康、航空航天、城市管理等在内的领域，均可以与数字孪生技术进行深度融合。尤其在制造业自动化、智能化转型需求越来越迫切的背景下，数字孪生技术更体现出其能够将物理世界与虚拟空间交互融合的优越性。因此，包括西门子等在内的国际工业制造领域的领先企业均已经高度重视数字孪生技术的发展，并努力探索与数字孪生密切相关的工业制造新模式。

　　与其他行业相比，工业制造领域的应用场景具有复杂性和独特性。由于涉及工业机理等因素，相关的运转流程、关联原因等并不能只通过数据便解释清楚。而且，频繁的试验模拟操作往往需要耗费极大的成本。而数字孪生技术恰好为这些问题的解决提供了绝佳方案，利用传感器、物联网等设施采集相关设备数据后，数字孪生技术便可以结合工业机理构建虚拟模型，更为高效智能地解决实际操作现场的问题。

纵观全球工业革命的发展史，其中第三次工业革命虽然利用了信息技术和电子技术，但仍然以规模、成本、效益等作为竞争的核心，开启的是信息化时代；而第四次工业革命（即工业4.0）将利用人工智能、大数据、物联网等技术推动工业全要素生产率的提升，利用信息化技术促进产业变革，开启的是智能化时代。工业互联网作为工业4.0的重要基础和关键技术支撑，其应用的推广，能够为工业数字孪生技术的价值发挥、迭代优化奠定基础，可以赋予工业数字孪生技术更为强大的生命力。与此同时，工业数字孪生技术的应用能够帮助工业互联网跨越从"虚"到"实"的阶梯。如今，随着工业制造领域智能化升级步伐的加快，工业数字孪生的应用潜力正逐渐展现，其在数据和模型方面的优势也日益凸显。数字孪生在工业领域的应用，势必能够有效提升生产效率，并降低生产成本。

在智慧工业的全生命周期中，工业数字孪生技术的应用潜力均不容忽视。由于具有闭环性、实时性、可拓展性、互操作性等特征，工业数字孪生技术与工业制造领域的融合正逐渐深化。比如，在工厂设计和建设环节，基于数字孪生技术，可以打造便于实时监控的数字化生产线，以在后续的生产过程中能够实时监控关键指标，实现数据驱动和精细化管理；在工业产品设计环节，基于工业数字孪生技术，可以设计一系列能够调整参数并根据需要进行重复的仿真实验，进而验证不同产品的性能，大大提高设计的科学性和准确性；在柔性生产规划环节，基于数字孪生技术，能够将收集到的相关业务指标转化成全量数据，并进一步建立相应模型，分析和优化业务指标；在设备管理和维护环节，基于数字孪生技术，能够模拟设备运转并预测可能发生的故障，从而解决工业协议标准众多、工业设备维修成本高昂等问题；在供应链管理环节，基于数字孪生技术，能够建立对应的虚拟供应链模型，通过对模型的监测和分析，企业能够减少运输成本、优化库存，从而尽可能降低供应链层面风险发生的概率。

本书立足于"工业4.0"与"中国制造2025"的时代背景，针对我国当前工业经济的发展现状与趋势，全面阐述工业数字孪生的概念特征、实现路径与关键技术体系，系统介绍了工业数字孪生系统的行业应用、功能架构与运行模式；详细梳理了国内外知名工业数字孪生平台及典型案例，分别从设备数字孪生、生产线数字孪生、工厂数字孪生三个层面，深度剖析数字孪生技术在工业制造领域的实践场景；细致分析了工业数字孪生与工业互联网、工业元宇宙之间的关系，以及三者的融合应用，并进一步探讨数字孪生在石油化工、综合能源、智慧城市、智慧交通等工业细分领域的落地路径，深度剖析数字孪生技术在智能制造领域的融合与创新应用，为传统制造业企业的数字化转型升级提供有益的借鉴与参考。

　　本书不仅可供生产制造企业数字化转型实施人员，智能制造、智慧城市、自动化、人工智能等领域的工程技术人员，以及对数字孪生、工业物联网、工业4.0、智能制造、数字化工厂等感兴趣的各界人士阅读参考，也可以作为智能制造、人工智能等相关专业本科生和研究生的学习参考资料。

著者

目　录

工业数字孪生概述

第 2 章 >>

工业数字孪生系统

第 3 章 ▷▷

工业数字孪生平台

第 4 章 ▷▷

设备数字孪生

第5章 >>

生产线数字孪生

第6章 ▶▶

工厂数字孪生

第7章

数字孪生与工业互联网

第8章

数字孪生与工业元宇宙

第9章

数字孪生在各工业领域的应用

01

第1章
工业数字孪生概述

1.1 数字孪生概念特征与实现路径 》

1.1.1 数字孪生的内涵与特征

近年来，数字经济浪潮席卷全球，数字孪生技术日益得到工业制造行业的关注。从概念首次被提出，到逐渐向不同的行业渗透，数字孪生在信息的建模、分析、决策、应用等领域取得了突破性进展，为企业数字化转型提供了有力的技术支持，也给数字经济发展带来了新的机遇。

（1）数字孪生的内涵与发展历程

数字孪生（Digital Twin）也称为"数字化映射"，是一种超越现实的概念，它是根据现实世界中的物理对象，在数字空间中构建一个与之相对应的数字模型（即映射模型），通过整合分析数据信息来运行数字模型，对现实物理对象的产生、发展和消亡的全部生命周期进行准确的模拟、预测和评估，从而实现决策优化升级的一种技术手段。其中，物理对象是现实中存在的实物或行为、过程的统称，数据信息则是海量且复杂的运行数据，是物理传感器更新的实时数据和运行历史数据的总和。

2002 年，美国密歇根大学的教授迈克尔·格里弗斯（Michael Grieves）在其管理课上提出"信息镜像模型"（Information Mirroring Model）的概念，他认为，可以采集实体物理设备的数据，并基于这些数据在虚拟空间构建一个与实体物理设备对应的镜像模型，而且这种对应并不是静态的，可以贯穿产品的整个生命周期。

2010 年，美国航空航天局（National Aeronautics and Space Administration，NASA）在其技术报告中首次提到"数字孪生"这一术语，并于 2012 年对其

进行了明确定义，认为数字孪生指的是：在产品的整个生命周期，可以通过收集与其相关的各项数据（包括运行数据、传感器采集的数据、物理模型中的数据等）构建对应的虚拟空间中的产品，从而实现虚拟数字模型与物理世界产品的交互映射。

2011 年，美国空军研究实验室（Air Force Research Laboratory，AFRL）将数字孪生技术应用于航空工业领域，进行飞行器寿命预测研究，随后于 2012 年提出"机体数字孪生体"的概念。同一时期，美国国防部（United States Department of Defense）与通用电气公司（General Electric Company，简称 GE）达成战略合作，就 F-35 战斗机的数字孪生技术解决方案进行研究。

2014 年前后，西门子等工业领域的领军企业也纷纷意识到数字孪生技术所拥有的巨大价值，并进行相应的业务探索。

数字孪生的理论技术体系具有普遍适应性，因此可以应用于诸多领域，目前，数字孪生应用较多的领域主要包括工程设计、医学分析、产品制造以及产品设计等。而且，随着人工智能、大数据、云计算、物联网等技术的发展，数字孪生技术在发展态势预测、状态评估以及问题诊断等应用场景中的表现也将越来越出色。

（2）数字孪生的典型特征

数字孪生作为一种具有代表性的新兴技术，拥有不同于其他数字化技术的典型特征。数字孪生技术的应用依赖于物理模型、仿真技术、AI、物联网、大数据等，具有较强的适用性，在不同的系统和行业内能够实现跨越互通。数字孪生技术的典型特征可以概括为以下四点，如图 1-1 所示。

图 1-1　数字孪生的典型特征

①虚实映射。数字孪生技术在数字空间中构建的物理模型，能够和现实中的物理对象呈现出镜像映射、准确投影的状态，从而达到虚拟世界和现实世界的交相呼应。

②实时同步。利用物理传感器等设备，能够获取实时的动态数据，并将

数据信息全面呈现，从而在数字空间中反映物理对象的状态变化。

③共生演进。数字空间中的孪生体与现实世界中的物理对象同时生存发展、同步演进更新，在生命周期的各个阶段，两者都具有相互依存的关系。

④闭环优化。数字孪生应用需要由数据驱动，所构建的是一种实体虚拟映射系统，因此通过对虚拟对象的操控能够实现决策优化。

1.1.2　数字孪生相关概念辨析

数字孪生是一种利用多种数字化技术来根据真实的物理实体在数字空间中构建多维度、多学科、多物理量和多时空尺度的动态虚拟模型及仿真刻画物理实体的属性、行为和规则的技术。数字孪生融合了大数据、人工智能、VR（Virtual Reality，虚拟现实）、AR（Augmented Reality，增强现实）等多种先进技术，能够在产品的设计、研发、生产制造、运维保障等整个生命周期的所有环节中发挥重要作用，是工业领域实现智能制造的关键，也是工业领域的各个行业建设工业互联网和实现数字化转型过程中不可或缺的使能技术。

下面我们对数字孪生相关概念进行简单阐述。

（1）数字孪生与仿真技术

仿真（Simulation）技术是对物理世界进行模拟的一种技术，是利用仿真硬件和仿真软件两种主要工具，将包含确定性规律和完整机制的模型转化为软件的模拟技术。基于正确的模型、完整的信息和环境数据，就能够反映物理世界的特性和参数。

如果将建模理解成我们对物理世界或问题的一种理解，那么仿真技术也可以是对这种理解的正确性和有效性加以验证和确认的手段。而且仿真技术都是在离线模式下对物理世界的模拟，数字模型无法起到对物理世界的驱动作用，因此，仿真技术并不具备数据优化分析功能，且不具备数字孪生的实时性和双向映射性的特征。

而数字孪生则需要现实世界与数字空间相互映射，要求数字模型实时接收现实世界的数据信息并加以分析，实现对现实世界的预测和评估，从而对物理对象进行优化升级，它是一种超越现实的概念。此外，数字孪生依赖的技术有很多，而仿真技术只是众多服务于数字孪生的关键技术中的一种。

（2）数字孪生与信息物理系统

数字孪生和信息物理系统（Cyber-Physical Systems，CPS）都是通过构建数字模型服务于现实世界，都是实现信息物理融合的有效手段，区别在于：数字孪生技术通过虚实映射输出的结果仅仅是为现实世界决策提供参考；而信息物理系统则是在数字孪生的基础之上，利用作动器对物理实体进行控制，自主做出决策，优化运行状态。因此，数字孪生也被视为构建和实现信息物理系统的必要基础，也是其物化落实的具体表现。

信息物理系统能够将网络进程和物理进程进行有机统一，是集成两者的多维复杂系统，它包含了嵌入式计算、环境感知、网络通信和网络控制等系统工程，具有通信、计算、精准控制、远程协作和自主管理的功能，侧重的是传感器和控制器，通过复杂的技术交汇和相互作用，实现区域互联。数字孪生是在数字空间中创建物理实体的数字模型，利用数字模型模拟和反映物理实体的状态并做出预测，侧重的是数据和模型。

（3）数字孪生与数字主线

简单来讲，数字主线（Digital Thread）是打通各个工业领域的信息系统，它是将门类繁多、格式复杂的工业数据串联到一起，形成具有利用价值的数据链的一种数据技术。由于数字主线能够覆盖产品的全生命周期，包含产品的设计、制造和使用维修等各个环节，在这些环节中，通过对数据的访问整合输出结果，为决策者提供决策依据，因此它能够解决传统制造业数据散落、难以利用的难题。

数字主线其实也是一种跨领域、跨系统的数据流，目标是打通产品的生命周期和价值链，从而实现工业数据的信息交互、全面追溯和价值链协同，进而提升企业的资源配置效率。其价值主要体现在：在正确的时间将正确的信息以正确的手段传达给正确的人，再做出正确的决策，最终有效提高企业的竞争力。

而数字孪生的价值主要表现在通过数字模型对物理实体进行模拟和分析，帮助做出准确预测和评估，具有实时性、双向性和保真性等特点。由此可见，从广义的产品生命周期上来讲，以数字孪生为基础的数字模型之间会有彼此的联系，而数字主线正可以将这些模型关联起来，为信息交换提供支持，也为智能制造提供坚实的技术支撑，帮助企业实现"降本增效"。

（4）数字孪生和资产管理壳

资产管理壳（Asset administration Shell）是德国在"工业4.0"的熏陶之下，提出的又一个独树一帜的理论。这里的"资产"已经超出它原有的范畴，任何参与智能制造流程的实物，所有可以被连接的都可以称为资产。资产管理壳是借助设备、部件的建模语言、工具和通信协议，实现每一项资产之间互联互通互操作的一种技术，能够大幅提升系统之间的互操作性。

通常情况下，大多数物联网平台会提供专有的数字孪生解决方案，数字孪生依据数据和模型来预测和评估物理实体，推动产品和技术的优化迭代。资产管理壳则具备管控和支撑的作用，它具备通用的接口，能够有效解决数字孪生解决方案在一定程度上缺乏互操作性的难题，从而有效地降低工程组态的成本，实现各个系统之间的互联互通。

1.1.3 数字孪生的体系架构

从体系架构方面来看，数字孪生由物理层、数据层、模型层、功能层和能力层五部分构成（如图1-2所示），这五部分分别与物理对象、对象数据、动态模型、功能模块和应用能力一一对应，其中，对象数据、动态模型和功能模块是数字孪生中的重点内容。

（1）物理层

物理层中不仅有物理实体，也有与之相关的运行逻辑和生产流程等多种逻辑规则。

（2）数据层

数据层中的数据主要包括来源于物理空间的固有数据和来源于传感器的运行数据。其中，来源于传感器的运行数据具有模式多样、类型丰富的特点。

（3）模型层

模型层中的数字孪生模型主要包括数据驱动模型和已知物理对象的机理模型，这些模型大多具有动态化的特点，能够进行自我学习和自主调整。

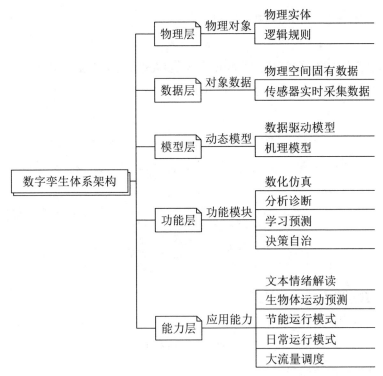

图1-2 数字孪生体系架构

（4）功能层

功能层中包含大量功能模块，这些功能模块是由各类模型以各自独立或互相联系的方式构成的子系统，且大多具有半自主性的特点。

具体来说，具有半自主性特点的各个功能模块可以在确保一致性的前提下根据相同的设计规则进行独立设计和创新，因此数字孪生的模块在扩展、排除、替换和修改方面具有较高的灵活性，同时也可以重新组合，进一步完善数字孪生体系。

（5）能力层

能力层具有数字孪生可对外提供的应用能力，能够针对特定应用场景中的具体问题制定相应的解决方案并据此生成专业知识体系。能力层中的模型和模块均具有半自主性的特点，因此其形成模式可以进行自适应调整。

1.1.4　数字孪生的实现路径

从功能上来看，数字孪生系统的发展过程大致可分为数化仿真、分析诊断、学习预测和决策自治四个阶段，如图 1-3 所示。

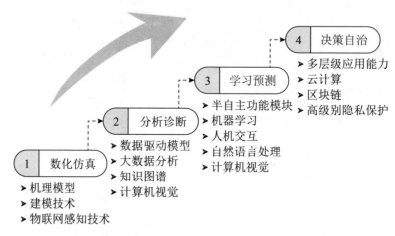

图 1-3　数字孪生的发展阶段

（1）数化仿真阶段

在数化仿真阶段，数字孪生系统应在确保准确性的基础上数字化复现物理空间，同时利用物联网来为物理空间和数字空间的交互提供支持。

在数据传输方面，处于数化仿真阶段的数字孪生系统可以在短时间内局部汇集部分数据并进行周期性传递，同时也能够利用各类物联网硬件设备来向数字世界输入物理世界中的数据，并根据数字世界来对物理世界进行能动改造，但这一阶段的数字孪生系统无法充分确保数据传输的实时性。

在数化仿真阶段，数字孪生系统的运行离不开建模技术和物联网感知技术的支持，同时这一阶段也与数字孪生系统的物理层、数据层和模型层息息相关。3D 测绘、几何建模和流程建模等技术的应用大幅提高了物理对象的数字化程度，并为物理对象构建出了较为完善的机理模型，同时数字孪生系统也利用物联网感知接入技术为物理对象被计算机精准感知和识别提供了强有力的支持。

（2）分析诊断阶段

处于分析诊断阶段的数字孪生系统已经具备实时同步传输数据的能力。

具体来说，数字孪生系统可以对数据驱动模型和精准仿真数字模型进行融合，动态监控物理对象整个生命周期的状态，并从业务需求出发构建相应的业务知识图谱和可复用的功能模块，深入分析处理相关数据，以便据此及时预测、诊断和处理物理世界中的各项问题。

在分析诊断阶段，数字孪生系统的稳定运行离不开物联网、知识图谱、大数据分析和计算机视觉等技术的支持，同时机理模型和以数据分析为主的数据驱动模型的综合应用也在这一阶段发挥着至关重要的作用。

（3）学习预测阶段

在学习预测阶段，数字孪生系统可以综合运用各项感知数据的分析结果和动态行业词典来自我学习、自我更新，并在数字空间中针对当前物理对象的运行模式对未来新的物理对象运行模式进行预测、模拟和调试。由于已经具备学习预测功能，这个阶段的数字孪生系统能够在数字空间中以易于理解和感知的方式向人们展示预测内容，为人们了解预测内容提供方便。

处于学习预测阶段的数字孪生系统包含许多数据驱动模型和半自主型功能模块，且集成了机器学习、人机交互、计算机视觉和自然语言处理等多种先进技术，能够灵活感知和理解学习物理世界中的信息，并在此基础上通过推理的方式来获取其他信息。

（4）决策自治阶段

处于决策自治阶段的数字孪生系统已经发展成熟，包含的各个功能模块均处于同一设计规则之下，不同的功能模块具有不同的功能和发展方向，且各项功能模块能够在数字空间中进行信息交互和智能结果共享，因此已经实现决策自治的数字孪生系统可以针对不同的层级提供相应的业务应用服务。

在众多功能模块中，部分功能模块能够整合、归纳、梳理和分析智能推理结果，预测物理世界的状态，并生成决策性建议，自发根据该建议和预测结果对物理世界进行调整，同时针对自身实际情况来对数字孪生体系进行优化。

在决策自治阶段，数据与物理世界之间的关系较为密切，且具有类型多样的特点，数字孪生系统需要完成大量跨系统的异地数据交换，有时也需要进行数字交易。由此可见，处于决策自治阶段的数字孪生系统不仅需要充分发挥大数据和机器学习等技术的作用，还需要应用云计算、区块链和高级别隐私保护等先进技术。

1.1.5 数字孪生技术的未来展望

数字孪生技术是工业领域的各个行业实现智能制造过程中必不可少的关键性技术。数字孪生技术具有十分强大的分析推理决策功能，能够为制造业推进智能化转型工作提供强有力的技术支撑，并为制造业智能化打造一个集感知、分析、推理、决策和控制于一体的闭环，同时整合多学科、多尺度、多概率和多物理量的仿真过程，充分发挥物理模型数据、历史运行数据和传感器更新数据等多种数据的作用，将现实世界中的物理实体在虚拟世界中进行映射，在数字空间中对物理实体的整个生命周期进行仿真模拟。

下面我们分别从政策、行业应用、市场前景、标准体系等四个层面分析数字孪生技术的发展趋势与未来前景。

（1）政策层面

在政策层面，各国越来越重视数字孪生的应用，尤其是在推动经济社会数字化发展的过程中，数字孪生更成为一种重要手段。一些发达经济体纷纷制定相关政策并开展合作研究，比如，美国在军工和大型设备领域，大力推崇数字孪生的应用，并将其作为工业互联网落地的核心和关键；英国注重智能城市的建造，以数字孪生技术为依据，力求实现整个国家的数字化转型和治理；德国利用信息化技术促进产业的变革，提高制造业的数字化水平，同时侧重城市管理的智能化。

2015 年 5 月，我国政府发布《中国制造 2025》，这是中国实施制造强国战略第一个十年的行动纲领，其中提到全面部署实施制造强国的战略。在2021 年开启的"十四五"规划中，我国政府着重强调数字孪生技术在促进经济社会发展中的重要作用，并将其作为数字强国的重要手段。

（2）行业应用层面

在行业应用层面，数字孪生为垂直行业的数字化转型提供了重要技术支持。当前，数字孪生与大数据、互联网、物联网等新兴技术加速融合并相互影响，在各行业中的应用不断加深，有效推进了社会经济的数字化转型，比如：

- 在智慧城市建设中，数字孪生利用其特有的数字技术，实现城市要素在数字空间中的映射，通过数据分析和模型推演，将智慧城市的规划、建造、治理、优化等全部生命周期呈现出来，最大限度地方便了城市管理者的工作，同时能够降低试错成本、提升管理效率。

- 在工业发展领域，数字孪生在加快智能制造进程方面发挥了重要作用，提供了先进的技术手段，像冶金、石化等流程制造❶行业，数字孪生能够有效实现生产进程的优化升级、工艺流程的数字操控以及大型设备的智能管理。在汽车制造、装备制造等离散制造行业，数字孪生为管理产品的全生命周期提供技术支撑，实现产品设计、运行和维护的数字化和智能化。

- 在交通、农业等领域，数字孪生也能够发挥不同程度的作用，比如，在智慧地铁、智能驾驶、车队管理、智慧农场、农作物监测等的应用和探索中，数字孪生相关应用正逐步增多。

（3）市场前景层面

在市场前景层面，数字孪生拥有非常可观的发展前景。Gartner 咨询公司曾在 2017 ～ 2019 年连续三年将数字孪生认定为战略性技术趋势，对其创新应用十分看好，并预计在 2024 年，数字孪生将成为新型的物联网原生业务应用，且将有超过两成的数字孪生技术被采用。根据市场预测，数字孪生的市场规模也将迎来突破性增长，市场前景一片光明。

而在企业主体层面，诸多企业将数字孪生作为企业科技发展战略的重要抓手，利用数字孪生引领企业向智能化方向转变。比如 IT（Information Technology，信息科技）、OT（Operational Technology，运营 / 操作技术）等领域的龙头企业已经将数字孪生作为主流技术和手段，并逐渐将其与企业发展的各个领域融合。

全球电子电气工程领域的领先企业西门子已经建造了相对完整的数字孪

---

❶　流程制造：被加工对象不间断地通过生产设备以及一系列加工装置使原材料进行化学或物理层面的变化，最终得到产品。

生技术体系，并将其应用于主流产品和系统中；法国飞机制造公司达索根据数字孪生的仿真分析技术，在工业、交通、航空航天等 12 个行业领域推出 3D EXPERIENCE 平台，为先进产品的开发与制造提供新模式；内流程型工业互联网的拓荒者优也则研发出 Thingswise iDOS 平台，将数字孪生与工业互联网相融合，打造工业生产的数字一体化流程。

（4）标准体系层面

在标准体系层面，数字孪生标准体系已初步建成，并快速投入关键领域的标准修订方面。

ITU（国际电信联盟）、IEEE（电子电气工程协会）、ISO（国际标准化组织）等组织为加快推进标准建设、启动测试床等概念验证项目，成立了数字孪生工作组和数字孪生分技术委员会。自 2018 年起，ISO/TC184/SC4 的 WG15 工作组在"面向制造的数字孪生系统框架"的系列标准的研制和验证方面开展了相关工作。2020 年 11 月，物联网和数字孪生技术委员会成立了 WG6 工作组，主要负责在国际上建立数字孪生标准体系。

1.2 工业数字孪生的关键技术体系 》

1.2.1 数字支撑技术

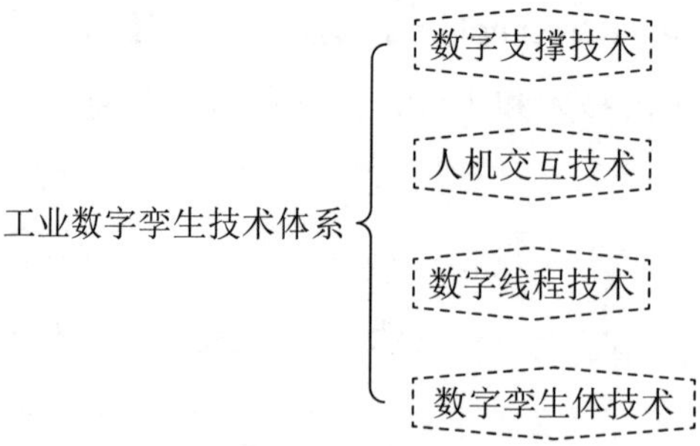

工业数字孪生技术实质上并不是某项新生的技术，而是多个数字化技术的集成融合和创新应用。工业数字孪生技术体系由数字支撑技术、人机交互技术、数字线程技术和数字孪生体技术组成，如图 1-4 所示。其中，数字支撑技术和人机

工业数字孪生技术体系
- 数字支撑技术
- 人机交互技术
- 数字线程技术
- 数字孪生体技术

图 1-4　工业数字孪生技术体系的组成

交互技术是工业数字孪生技术体系的基础，而数字线程技术和数字孪生体技术是工业数字孪生技术体系的核心。

下面我们首先对数字支撑技术进行简单分析。

数字支撑技术体系具体包括采集感知、执行控制、新一代通信、新一代计算和数据模型管理五大类技术，具备获取数据、传输信息、信息计算与管理等综合能力，能够为数字孪生技术体系进行数据资源的开发奠定可靠的基础。因此，数字支撑技术体系也可以被认为是数字孪生发展的"基础底座"。

在数字支撑技术体系当中，采集感知技术作为获取数据信息的技术支撑，能够从更深、更广的层面获取物理对象的相关数据，并创新推动工业数字孪生的蓬勃发展。其价值具体可以归纳为以下两个方面。

（1）进行全面的数据采集

数字支撑体系中的数据采集需要依赖传感器的应用，而随着传感器技术的发展以及设备的微型化，传感器技术能够更普遍地应用于工业装备当中，并进行全面、深度的数据采集。目前，工业领域所使用的微型化传感器的尺寸已经能够达到甚至超过毫米级，比如 GE 已经研发成功嵌入式腐蚀传感器，能够实时探查压缩机内部的腐蚀速率。

（2）大幅提升分析决策水平

与单功能的传感器不同，在多传感器融合技术发展的带动下，单个传感器也能够采集到不同类型的数据，从而为分析决策提供参考。比如，奥迪 A8 作为一款 L3 级别的自动驾驶汽车，其自动传感器能够融合 7 种类型的传感器，从而保证了车辆行驶的安全性、自动化和智能化。

1.2.2　数字线程技术

作为数字孪生技术体系中的关键核心技术，数字线程技术的应用能够支持不同格式的数据和不同类型的模型之间的无缝集成和快速流转。根据解决方案的不同，其又可以分为正向数字线程技术和逆向数字线程技术两种不同的类型。

（1）正向数字线程技术

正向数字线程技术是指在数据和模型构建的初期就将不同数据和模型的规范制定完成，其集成基于统一的建模语言，能够为整个流程当中数据和模型的集成融合提供技术支撑。该技术类型以基于模型的系统工程（Model-Based Systems Engineering，MBSE）为代表，欧洲空客公司就是利用模型系统工程设计并制造 A350 飞机，该飞机不仅比 A380 工程变更数量降低了 10%，而且整个项目周期也大幅缩短。

（2）逆向数字线程技术

逆向数字线程技术是指对于已经定义规范或完成构建的数据和模型采取"逆向"的集成方式，从而打造数据、信息或模型的标准体系。该技术类型以管理壳技术为代表，具体的应用比如：在数据互联方面，德国通过将信息模型内嵌入 OPC-UA 网络协议中，使得通信数据的格式保持一致；在模型互操作方面，德国依托戴姆勒 Modolica 标准开展多学科联合仿真。

1.2.3 数字孪生体技术

所谓数字孪生体，即数字孪生技术所针对的物理对象在虚拟空间中的映射。数字孪生体技术体系主要包括模型构建技术、模型融合技术、模型修正技术和模型验证技术，如图 1-5 所示。

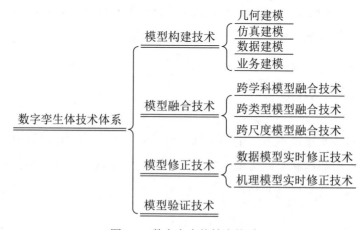

图 1-5 数字孪生体技术体系

（1）模型构建技术

模型构建技术即在数字虚拟空间中对物理对象的形状、机理以及行为等进行刻画的技术，因此其也可以被认为是数字孪生技术体系的基础。模型构建技术主要包括几何建模、仿真建模、数据建模、业务建模等不同技术。

①几何建模。几何建模应用基于 AI 的创成式设计工具，能够有效提升工业生产中产品的集合设计效率。例如，在北汽福田前防护、转向支架等零部件的设计过程中，上海及瑞工业设计公司通过利用创成式设计工具提供了超过百种的设计选项，并通过对用户需求的分析，将所需的零件数量和重量进行了优化。

②仿真建模。仿真建模通过应用无网格划分技术，大幅降低了工业领域仿真建模所需的时间。例如，通过利用无网格计算，全球技术公司澳汰尔（Altair Engineering）有效地解决了传统的仿真建模过程中几何结构简化和网格划分耗时较长的问题，使得全功能 CAD（Computer Aided Design，计算机辅助设计）程序集的分析仅需几分钟即可完成。

③数据建模。将人工智能技术与传统的统计分析联合进行应用，能够提升数字孪生体的建模能力。例如，GE 运用迁移学习大大提升了新资产的设计效率，在航空发动机模型的开发过程中，开发速度和精确度都得到了明显改善。

④业务建模。业务建模通过应用 BPM（业务流程管理）、RPA（机器人流程自动化）等技术，构建过程更加敏捷。例如，德国软件公司思爱普（SAP，全称为 Systems，Applications & Products in Data Processing）将 RPA 技术应用于 Leonardo 平台上而形成新的业务技术平台，实现了涵盖人员业务流程创新、业务流程规则沉淀、RPA 自动化执行、持续迭代修正等内容的业务建模解决方案。

（2）模型融合技术

在针对同一物理对象的不同类型的数据模型构建完成后，就需要将它们进行"拼接"，以使数字孪生体与物理对象更加一致。而在这个过程当中，模型融合技术将发挥重要的作用。由于涉及的类型不同，模型融合技术常包括跨学科、跨类型和跨尺度的模型融合技术。

①跨学科模型融合技术。跨学科模型融合技术是指将不同学科或物理场

的模型进行融合，以构建出内容更完整、细节更丰富的数字孪生体。例如，基于对多学科联合仿真技术的应用，苏州软控为嫦娥五号的能源供配电系统定制了精确度高达 90% ～ 95% 的"数字伴飞"模型，使得嫦娥五号在轨道状态预演以及故障分析、能量平衡分析、飞行程序优化等方面都具有了坚实的技术支持。

②跨类型模型融合技术。跨类型模型融合技术是指将不同类型的模型进行融合，以使数字孪生体不仅可以"静态描述"物理对象，也可以对物理对象进行"动态分析"。例如，美国仿真技术公司 Ansys 与美国参数技术公司 PTC 共同参与构建的能够进行实时仿真分析的"泵"孪生体，能够基于深度学习算法进行 CFD（计算流体动力学）训练，因此可以获得流场分布降阶模型，而这也就使得仿真模拟的时间被大大缩短。

③跨尺度模型融合技术。跨尺度模型融合技术是指将宏观和微观等不同层面的模型进行融合，以获得更加复杂的系统级数字孪生体。例如，针对汽车行业的用电问题，西门子推出 Pave360 解决方案，将传感器电子、车辆动力学和交通流流量管理等不同尺度的模型信息进行融合，从而打造出系统级的汽车数字孪生体，为汽车行业提供了从生产到驾驶再到交通管控的全流程解决方案。

（3）模型修正技术

工业领域的物理模型的信息不一定是一成不变的，这就需要对数字孪生体进行实时纠正。模型修正技术就是根据获得的实时数据持续调整模型的参数，以保证数字孪生体的精度不断提高的技术。模型修正技术主要包括数据模型实时修正、机理模型实时修正两种技术。

①数据模型实时修正技术。从 IT 的角度来看，工业领域在线机器学习的应用，能够将持续获得的实时数据用于统计分析和机器学习，进而不断提高数据模型的精度。例如，Tensorflow、Skit-learn 等 AI 工具中都嵌入了在线机器学习模块，可以对数据模型进行实时修正。

②机理模型实时修正技术。从 OT 的角度来看，机理模型实时修正技术能够利用实测以及试验中获得的数据对原始有限模型进行修正。例如，Ansys、MathWorks 等有限元仿真工具中包含有限元模型修正的接口或者模块，因此

可以基于获得的数据对模型进行修正。

（4）模型验证技术

模型经过构建、融合和修正后，要应用到工业生产当中，必须经过验证，因为只有对已有模型的准确性进行评估和验证，才能够保证生产的安全性和可靠性。目前所使用的模型验证技术主要包括两类，即静态模型验证技术和动态模型验证技术。

1.2.4　人机交互技术

人机交互技术作为工业数字孪生技术体系的基础，能够基于全新的人机交互模式，通过在产品设计和仿真模拟等领域的应用，使数字孪生的可视化效果不断提升。具体来说，数字孪生人机交互关键技术主要包括以下几个方面，如图 1-6 所示。

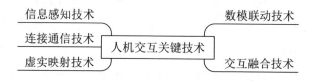

图 1-6　人机交互关键技术的组成

（1）信息感知技术

数字孪生可以利用信息感知技术采集物理空间要素和环境的状态数据，并通过对这些数据进行分析处理了解物理空间状态。具体来说，数字孪生中所应用到的信息感知技术主要包括多模态感知技术、同步感知技术、感知数据预处理技术、感知信息融合技术、"端-边-云"协同感知技术和"人-机-物-环境"状态感知技术等多种先进的感知技术。

（2）连接通信技术

数字孪生可以利用连接通信技术传输实时数据，打通内外部传输数据要素的通道。具体来说，数字孪生中所应用到的连接通信技术主要包括通信安全技术、自适应同步通信技术、通信协议映射与交互技术、通信协议一致性测试技术和"通信-计算"融合技术等多种先进的通信技术。

（3）虚实映射技术

数字孪生可以利用虚实映射技术将真实的物理空间映射到虚拟的数字空间当中。具体来说，数字孪生所使用的虚实映射技术主要包括映射关联可视化技术、映射关联自适应更新与优化技术、映射关联关系存储与管理技术、虚实映射一致性评估技术以及虚实映射关联挖掘技术等多种技术手段。

（4）数模联动技术

数字孪生可以利用数模联动技术建立实时驱动机制，并推动真实的物理空间与虚拟的数字空间动态结合。具体来说，数字孪生所使用的数模联动技术主要包括数据同步交互技术、时域同步驱动技术、时空状态初始化技术、数模联动一致性评估技术和数模联动机制自适应更新与优化技术等多种相关技术。

（5）交互融合技术

交互融合技术用于关联数字孪生内外要素的各类信息，实现模型、数据、信息、知识的深度融合。近年来，虚拟现实技术带来全新的人机交互模式，以 AR、VR 为代表的新兴技术正加快与几何设计、仿真模拟的融合，持续提升数字孪生可视化效果。

- **AR+CAD：**AR 技术可以与 CAD 高效融合，比如，西门子的 Solid Edge 2020 产品中最新添加了增强现实功能，该功能可以将 OBJ 格式的信息快速导入 AR 系统中，使 3D 设计体验更加真实。

- **AR+ 三维扫描建模：**AR 技术与三维扫描建模也可有效融合，比如，PTC Vuforia Object Scanner AR 产品可以将扫描到的 3D 模型转换为 Vuforia 引擎兼容的格式。

- **AR+ 仿真：**AR 技术与仿真技术融合的具体应用很多，比如，西门子将 COMOS Walkinside 3D 虚拟现实与 SIMIT 系统验证和培训的仿真软件紧密集成，减少调试过程所需的时间，从而使得工厂工程的效率得到极大提升。

1.3　数字孪生赋能制造数字化转型 »

1.3.1　数字孪生赋能智能制造

制造业是推动全球经济增长的重要产业，也是国家经济实力的象征。我国是制造业第一大国，我国的制造业拥有雄厚的基础和庞大的规模，但多以传统制造业为主，大而不强、全而不优的问题日渐突出，制造业的发展也逐渐进入瓶颈期，亟须进行变革。随着信息技术的发展及其在制造业中的应用，智能制造渐渐成为制造业的主流，它能够融合多项关键技术，具有传统制造所无可比拟的优势。

数字孪生技术能够以现实世界中的物理实体为原型，依托海量数据及数字化手段在数字世界中创建虚拟模型，通过物理实体与虚拟模型的实时交互、双向映射及动态分析，最终实现对物理实体的优化。数字孪生在制造业中的应用，能够贯穿制造流程的每个场景，促进产业链和价值链的闭环优化，发挥工业资源的最大效用，提升制造全流程的数字化水平，从而实现制造业数字化转型。

（1）工业数字孪生和智能制造的关系

工业数字孪生就是利用各种虚拟化技术对相关物理实体进行数字化处理，构建起可仿真、优化和预测的数字模型。智能制造指的是利用工业自动化技术、智能化技术和网络化技术来提高工业制造过程中的各个环节的自动化程度、智能化程度和集成化程度。工业数字孪生和智能制造之间互相影响，关系密切。

①工业数字孪生是智能制造的基础。工业数字孪生具有建模、仿真、优化和预测等多种功能，能够根据物理实体构建相应的数字孪生模型，并借助该模型来提高工业生产的效率和质量，助力工业领域的各个行业实现智能制造。

②工业数字孪生是智能制造落地过程中不可或缺的技术。工业数字孪生能够为制造企业优化生产流程、提高生产效率、强化产品质量，提供技术、信息和数据层面的支持，并对产品全生命周期的各个环节进行数据管理和分析，助力企业高效完成产品的设计、制造、运营和维护等工作。

③工业数字孪生是智能制造升级的重要支撑。工业数字孪生技术具有实时监控和反馈功能，能够及时向制造企业反馈与产品生产过程相关的实时监控数据，为制造企业实时改进产品制造流程提供支持，同时也能够与智能化技术相互作用，进一步提高产品制造过程的智能化水平。

（2）面向智能制造的工业数字孪生技术

①多源异构数据集成技术。制造业领域涵盖的行业众多，如机械制造、船舶、能源等，因此在实际应用中，相关的软件、设备等种类繁多且差异较大，致使数据在来源、格式、标准等方面存在较大差异，难以实现数据融通。借助数字孪生技术研发多源异构数据集成技术，并构建统一的数据标准，对"人、机、料、法、环"等要素数据进行统一归集与管理，能够解决智能制造领域的信息孤岛问题，促进数据的高效利用和共享。

②多模型构建及互操作技术。在工业领域，基于不同行业、不同制造工艺、不同工业流程构建的数字孪生模型会有较大差异，模型通用性较低。因此，需要开发多模型构建与互操作技术，在数字世界中创建可交互的数字孪生模型，并且需要根据不同要素、不同维度进行调整，一方面提升模型的通用性，另一方面实现不同场景下模型运行过程的动态优化。

③多动态高实时交互技术。在数字空间中创建数字孪生模型，以工业流程中的"人、机、料、法、环、测"等数据为纽带，充分发挥数字孪生技术共生演进与闭环优化的特点，实现物理实体与数字模型的实时连接与动态交互，同时基于数据的传输与更新，实现物理实体与虚拟模型的优化升级。在这基础上，将模型演进的最优结果以最直观的方式展现出来，便于决策者制定最优决策。

1.3.2　工业数字孪生的应用价值

近年来，新一代信息技术发展迅速，并在社会发展各领域得到广泛应用，数字孪生作为其中一种，其应用已逐渐延伸到制造业、能源行业、城市管理等多个领域，同时应用场景也得到大规模拓展。

数字孪生在制造业领域的应用，将会加速智能制造的落地。数字孪生利用其共生演进与闭环优化的优势，能够推动工业产品从研发到报废的全生命流程的数字化变革，提升制造流程效率与工业产品质量，对推动制造业走出瓶颈期、强化国家竞争实力具有重要意义。

　　数字孪生的核心是数据与模型。制造业领域行业众多，各个行业的工业流程在运行过程中会产生海量不同类型、不同来源的数据，这加大了数据采集、整合、分析、处理等环节的难度。同时，各行业的工业原料、工业流程等差异较大，涉及的学科知识内容非常多，在模型建设和应用时会遇到多重障碍。

　　要想实现数据高效集成与模型广泛通用，就必须要研发与优化制造业数字孪生应用的关键技术。但在实践中，其关键技术涉及多项技术的融合应用，包括多源异构数据转换与集成技术、数字孪生人机交互技术、多性能耦合分析技术、运行状态可视化分析技术等，这些技术在应用过程中又需要根据实际情况不断更新优化，因此关键技术的升级也是一项难度较大的工程。

　　如今制造业数字化转型已是必然趋势，数字孪生技术在制造业领域的应用也逐渐深入，不断推动制造业不同设备、不同系统、不同部门的跨界互联，促进制造业产业链、价值链的融会贯通，加速智能制造落地，并最终实现制造业的转型升级。工业数字孪生的应用价值大致可以归结为以下几点，如图1-7所示。

图 1-7　工业数字孪生的应用价值

（1）实现生产流程可视化

　　数字孪生技术应用于制造业中，创建生产流程的数字孪生模型，能够充分发挥其双向映射与动态交互的优势，实现生产流程可视化。同时，通过对虚拟模型进行分析，可以预测工业流程的进展情况与可能出现的问题，并及时采取措施进行干预，保证工业产品的质量与生产效率，从而提升工业生产的管控水平。

（2）驱动企业业务数字化

将数字孪生技术赋能于企业业务和设备管理，能够充分发挥企业数据的价值，建设企业业务数字化，提升企业资源配置效率，优化生产制造流程，提高全要素生产率，降低生产成本。在设备管理方面，以数字手段提升设备运行与监管效率，预警设备故障风险，节约设备运维成本，从而实现降本增效。

（3）打造高度协同生产制造

利用数字孪生技术加强制造业上下游企业数据的整合共享，可以实现价值链上下游的高度协同，形成生产制造的良性循环，充分发挥资源的效用，提升生产制造的效率，从而释放企业更深层次的价值。

（4）构筑数字孪生运营模式

数字孪生技术能够促进工业制造各个环节的数字化升级，不断带动业务创新，推动产业升级，逐渐催生出新型数字化运营模式，促进企业数字化转型，进而推动制造业各个领域的数字化升级以及社会发展的数字化变革。

1.3.3　工业数字孪生的应用场景

数字孪生在智能制造中有广泛的应用，图 1-8 所示为工业数字孪生的主要应用场景。

图 1-8　工业数字孪生的主要应用场景

（1）设备监控和故障诊断

数字孪生技术应用于生产工艺全流程中，能够对设备状态与工作流程进行实时感知与监控，并收集整合这一过程的所有相关数据，包括但不限于设备状态监控数据、生产运行数据、设备维护与管理数据等。在此基础上，对数据进行可视化处理，既能全面直观地展示工业生产流程，又能精准诊断故障，还可以提供维修方案、减少损失。

（2）设备工艺培训

设备工艺培训包括生产原理、生产工艺、设备维修等相关知识培训。数字孪生技术赋能于设备工艺培训，可以将枯燥的文字与图片内容转换为生动趣味的 3D 动画内容，在提升员工学习兴趣的同时，还能激发员工主动实践的积极性，从而实现高效培训。

（3）设备全生命周期管理

借助数字孪生技术进行设备全生命周期管理，能够对设备投入期、产出期、衰退期的全部状态进行全面监视和记录，整合设备运行、管理及维护的相关信息和数据，创建可共享的知识库，从而用以支持设备操作以及车间、工厂管理等多项需求，同时为保证设备的正常安全运转提供理论基础，提升设备运行效能。

（4）设备远程运维

由于制造业普遍存在工业设备精密且繁多、工业流程复杂且连贯的状况，因此设备的预测性维护与远程运维管理显得尤为重要。而且，与普通的维护和管理相比，远程运维成本较低、操作方便。利用数字孪生技术能够对设备的实时运行数据进行全面收集，同时结合设备原始信息与知识库，可以对数据进行综合分析，将数据的深层价值转化为设备运维决策，为设备预测性维护与远程运维管理提供依据，提升运维管理效率。

（5）工厂实时状态监控

将数字孪生技术融入工厂生产全流程中，可以为产前准备、产中管控、产后优化提供相应的数字孪生服务。运用数字孪生技术，需要依据实体工厂的所有要素、流程及业务创建数字孪生工厂，对实体工厂的全方位、全时空数据进行整合加工，释放数据的驱动作用，充分发挥数字孪生技术的双向映射与实时交互的特征，实现实体工厂与数字孪生工厂的实时同步运转，从而实现对工厂实时运行状态的可视化监控，同时实现对生产运行模式的合理优化。

在大力发展数字经济的背景下，数字孪生逐渐跻身业界重点关注的技术行列，其应用领域得到大规模扩展，技术体系与产业生态都得到初步完善，在推动智慧城市、智慧医疗、智能制造落地方面起着至关重要的作用。

尽管数字孪生技术已为社会发展带来了诸多便利，但由于其兴起较晚，发展与应用水平仍处于初级阶段。未来，我们需要加强对数据建模的探索，不断研发关键技术，规范各项数字孪生核心要素，统一数字孪生在垂直行业内的应用模式，充分释放数字孪生技术的内在价值，实现数字经济的高速稳定发展。

1.3.4 工业数字孪生的实践案例

就目前来看，数字孪生技术的应用十分广泛，多个国家和行业的领军企业都对数字孪生进行了研究，例如，德国的西门子股份公司（Siemens）、法国的空中客车公司（Airbus）、美国的通用电气公司（GE）等。

（1）西门子：将数字孪生融入数字化战略

近年来，西门子股份公司积极响应德国在 2013 年汉诺威工业博览会上提出的"工业4.0"，并加大对数字孪生技术的研究力度，将其融入自身的数字化战略和相关解决方案当中，为自身实现数字化、智能化发展提供支持。2017年，西门子推出了主要包含以下几个组成部分的数字孪生体应用模型：

- **数字孪生产品**：主要用于借助数字孪生技术来设计新的产品。
- **数字孪生生产**：能够将数字孪生技术应用到产品制造和生产规划当中。
- **数字孪生体绩效**：利用数字孪生技术对相关数据进行采集、分析和处理，并构建包含当前已有产品和系统的完整的解决方案体系。

西门子利用数字孪生技术实现了虚实融合，并针对自身产品构建产品数字孪生模型，以便产品制造商以数字化的方式对产品进行设计、仿真和验证。技术的发展为西门子创新汽车设计和制造模式提供了支持，西门子的产品制造商可以利用数字孪生技术来规划生产过程、验证生产过程、优化工厂布局、优化工作人员的工作条件、优化产品制造过程、选择生产设备，并完成仿真和预测等工作。

（2）空中客车：利用数字孪生提高自动化程度

法国的空中客车公司通过将数字孪生技术应用到飞机组装中的方式大幅提高了该环节的自动化程度和效率，加快了交货速度。不仅如此，空中客车公司还研发出了基于数字孪生技术的大型配件装配系统，该系统在配件装配环节的应用能够通过自动控制的方式来减小碳纤维增强基复合材料（Carbon Fiber-reinforced Polymer，CFRP）组件装配的剩余应力。具体来说，该大型配件装配系统的数字孪生模型的特点主要表现在以下几个方面：

- 数字孪生体行为模型。融合了数字孪生技术的大型配件装配系统中的数字孪生体行为模型既是相应实际零部件的三维 CAD 模型，也能够根据组件行为构建相应的模型，如力学行为模型、形变行为模型等。

- 各个层级的数字孪生体。融合了数字孪生技术的大型配件装配系统既能根据各个组件构建数字孪生体模型，也能为自身构建具有系统设计作用的数字孪生体模型，并在此基础上对装配过程进行预测性仿真。

- 虚实交互与数字孪生体相互协调。融合了数字孪生技术的大型配件装配线系统的定位单元中具有传感器、驱动器和控制器，既能获取来自传感器的数据，也能与周边的其他定位单元相互作用。具体来说，定位单元可以利用数字孪生体处理和计算来自传感器的待装配体的形变数据和位置数据，以便进一步校正位置，并在剩余应力值的相关要求下开展组件装配工作。

（3）通用电气：借助数字孪生增强智能化水平

美国通用电气公司通过对各项资产设备数据的深入挖掘和分析实现了对设备故障和故障发生时间的预测，但还未能有效确定故障原因，因此 GE 不断加快研究和应用数字孪生技术的步伐，力图借助数字孪生实现更多更加智能化的功能。

　　在构建数字孪生体时，可以综合运用数据驱动分析和设备机理模型。因此，GE 在 Predix 平台中综合运用大量资产设备数据和模型，打造出一个包含大量工业数据分析模型以及超过 300 个资产和流程模型的，且具有较强通用性的数字孪生体模型目录，以便缺乏专业能力的用户能利用通用模型快速构建、仿真和训练可运行的数字孪生体模型，借助模型的落地使用来采集信息并向云端回传。

02

第 2 章
工业数字孪生系统

2.1 数字孪生系统的行业应用 ≫

数字孪生技术的普遍适用性使得其能够应用于不同的领域，一方面，应用于不同领域的数字孪生系统都具有虚实交融、智能响应和迭代优化等特点，能够精准映射出对应物理对象的活动情况；另一方面，由于不同数字孪生系统在运用场景、数据来源、研究对象、系统运行的驱动因素等方面存在差异，其发展方向和所面临的技术问题有所不同。表 2-1 展示了不同类型数字孪生系统特点的差异。

表 2-1　不同类型数字孪生系统特点的差异

类型	研究对象	主要应用场景	主要问题	关键技术	数据来源和类别	运行主导因素
城市数字孪生系统	相关市政资源、城市基础设施、自然灾害等	能源调动、交通疏导、项目周期管理、基础设施选址等	数据体量庞大、数据表达不到位、计算资源分配不合理、空间分析能力有限、城市信息模型重复建设等	地理信息系统（GIS）、城市信息模型（CIM）建模、城市大脑	来源：各处配置的摄像头；类别：视频数据为主	人和环境主导
建筑数字孪生系统	建筑结构、关键设施、水电暖等	建筑规划设计、建筑设施管控、建筑智慧化运维等	建筑物安全隐患预测精度低、建筑"信息-物理"不交互、能源管控依赖人工、建筑设备故障预警分析能力不足	建筑信息模型（BLM）建模、基于数字孪生的建筑安全状态预警、基于数字孪生的建筑能耗管控等	来源：传感器、摄像头、供配电设备等；类别：视频、传感器数据为主	环境主导

续表

类型	研究对象	主要应用场景	主要问题	关键技术	数据来源和类别	运行主导因素
电网数字孪生系统	电压、电能等用电情况，变电、输电等设备，电网运行情况	电网设计、电力系统监测分析、电网运营优化	电网状态信息难以掌握、电网运维效率有待提升、电网运行策略依赖于人工经验	电网数字孪生建模、基于数字孪生的电网状态分析、基于数字孪生的负荷预测与用户行为分析	来源：电网控制系统、巡检系统；类别：电力数据为主	用户分布情况和环境主导
医疗数字孪生系统	患者、医生、医疗资源等	个性化健康管理、医疗方案验证、医疗资源管理优化	医疗设备机理描述不准确、医疗方案依赖于医生经验	医疗系统人机融合数字孪生机理模型构建、手术实时三维影像导航、基于数字孪生的医疗资源优化管理	来源：病例、就诊卡、医疗设备；类别：医疗影像等	人-机主导
工业数字孪生系统	人员、物料、产品、装备、能源等	多物理现场仿真、个性化定制设计、全生命周期运维	数字孪生体等级划分模糊、不同模型的联合仿真困难、数字孪生体生命周期多变、工业数字孪生系统安全隐患较多	数字孪生体建模与评价技术、复杂工业系统多物理场仿真融合、数字孪生体生命周期管理、工业数字孪生系统安全管控	来源：制造设备、传感器、摄像头、工业软件系统；类别：多模态数据	以人为中心，人、机、环境相互融合

下面将以城市数字孪生系统、建筑数字孪生系统、电网数字孪生系统、医疗数字孪生系统为例，介绍数字孪生系统在各领域的应用情况。

2.1.1　城市数字孪生系统

城市数字孪生系统被视为推动"智慧城市"发展切实可行的手段。该系统通过在网络虚拟世界建立能够映射城市物理空间情况且与之协同运行的"孪生城市"，使城市所有要素以数字化的形式呈现出来，实现城市整体运行状态的可视化，从而更好地进行城市管理，促进科学决策。

城市数字孪生系统的研究对象是多样的，主要包括基础设施（如能源供给、道路交通、通信）、市政资源（如警察、医务人员、消防队伍）以及自然灾害（如地震、台风和水灾）三部分。该系统依托摄像头捕捉到的海量视频画面，可以在交通调控、能源管理和灾疫监控等方面发挥重要作用，而系统运行情况主要受到城市环境和人为因素的影响。

现阶段城市数字孪生系统还面临一些问题和挑战，例如城市信息模型（city information model，CIM）的再利用率低、大批量数据传递聚合困难、数据呈现的精度不够、运算资源调度配置策略不当等。为了应对这些挑战，必须加强相关重要技术的研究攻关，包括 CIM 统一建模、GIS 建模等，而"城市大脑"是构建城市数字孪生系统的核心所在，所涉及的数字视网膜架构、视觉认知计算等技术也是重要的研究方向。

目前，国内外对城市数字孪生系统的研究正在不断推进，比较典型的案例有雄安新区数字孪生城市、法国雷恩 3D 城市、虚拟新加坡平台、多伦多高科技社区等。

2.1.2　建筑数字孪生系统

与城市数字孪生系统不同，建筑数字孪生系统专注于建筑物本身。该系统基于各类传感器采集到的建筑信息，完成对建筑全方位的模拟仿真，并将对应实体建筑的全生命周期呈现在虚拟空间中。由此，人们可以对自己的居住环境、工作环境有较为全面的了解，从而掌握更多的自主决策权与控制权。该系统对地产行业的发展有着重要影响。

建筑数字孪生系统主要研究对象包括建筑结构、供电、用水、暖通空调和其他关键设施等，其数据来源可以是监控摄像头、传感器或各类终端辅助设施，所采集的数据能够为数字模型构建提供有力支撑。该系统的运行以环境为主导，系统可以辅助相关人员对建筑进行科学设计、规划，制定合理的施工流程，有利于后续规范化运维与管控。

目前，建筑数字孪生系统在实际应用中还存在对人工依赖程度较高、建筑"信息－物理"交互性低、对建筑设备故障预警分析能力不足、对建筑物安全隐患预测精度低等问题，在相关技术领域（如建筑信息模型构建、建筑能耗管控、安全预警等）还需要进一步巩固、强化。这里需要注意的是，建筑信息模型构建属于建筑数字孪生系统的范畴，BIM 更专注于建筑设计和建造，而建筑数字孪生系统能够进一步模拟出人们与建筑的互动情况。

以下均是建筑数字孪生系统具有代表性的实践。

2020 年，在疫情蔓延的严峻形势下，建筑数字孪生系统有力支撑武汉雷神山医院快速落成。在设计建造的过程中，设计师借助该系统进行可视化、科学化的设计与分析，开展室内室外计算流体力学（Computational Fluid Dynamics，CFD）模拟测试等，大大提高了设计建造效率。

阿联酋 Bee'ah 公司的总部智慧大楼就运用了建筑数字孪生系统，通过系统的人工智能预测和自动化控制功能，建筑耗能降低了 5%、耗水量降低了 20%，建筑内部的资源得到了更加充分的利用。

"数字巴黎"是建筑数字孪生系统应用的经典案例。该系统基于数字化建模与仿真技术构建了巴黎圣母院的数字孪生体，还原了其建造过程和历史原貌，包括该建筑的任何一块砖的堆叠、任何一扇窗户或门的安装情况。

2.1.3　电网数字孪生系统

"数字化"是中国国家电网促进管理方式转型升级、对标国际先进标准的重要发展方向，同时也是与其他企业开展联合创新、协同构建开放生态圈的基本要求，而数字孪生技术可以有力推动国家电网运维管理方式的数字化演进。电网数字孪生系统就是物理电网在数字虚拟空间的表示，虚拟空间中仿真电网的状态信息会随着物理电网状态同步演化，从而实现对物理电网的精准模拟，进而对其运行状态进行分析预测，并反馈预测结果，辅助工作人员进行调整优化。

目前，电网数字孪生系统已经能够满足多样化的场景需求，并与不同规模的电网匹配。例如，数字孪生电网（Digital Twin Power Grid，DTPG）支持对单个电机或配电柜进行三维扫描，并以数字化方式较为完整地呈现出来；DTPG 支持连接单个配电站、开关站的全设备、全要素，从而为数字化运维、管理提供条件；就区域配电站来说，DTPG 可以根据用电需求进行合理调控、精准配电；同时，在环网范围内，DTPG 可以促进站点间的快速检测与联通。

电网数字孪生系统的研究对象涉及电网的多个环节、层面，包括各种电力设备（如输电、变电、配电）、用电情况（如电能、电压、电费）和电网整体的运行状态等，其数据主要来源于相关控制系统、巡检系统，该系统主要受到环境和用电需求分布的影响。

现阶段电网数字孪生系统面临的问题主要包括对电网实时状态信息的掌握不够精准、电网运行策略对人工经验依赖度较高、电网运维效率亟须提升。因此，需要进一步优化完善电网数字孪生系统，在系统建模、智能巡检、电网状态分析、负荷预测等方面加强研究，促进技术难题攻关。随着相关技术的发展，电网数字孪生系统将有望在电网管理中发挥重要作用。

2.1.4　医疗数字孪生系统

2020 年，医学期刊 *Genome Medicine* 刊登了一篇名为"*Digital twins to personalize medicine*"的文章，针对医疗数字孪生系统的设想提出了较为详尽的可行性策略。而近几年我国政府也根据当前形势，提出要将大数据、云计算、人工智能、物联网等技术应用于医疗服务领域，从临床诊疗水平、患者就医体验、医院管理等方面综合提升医疗服务质量和效率，促进现代医疗体系的发展。

医疗数字孪生系统可以结合从相关渠道（如疾病登记库、急诊卡、数字病历、穿戴式传感器、医疗设备等）获取的数据信息，构建包含患者身体状态、器官剖析结构和医院既有医疗资源的虚拟模型，从而辅助制定和验证医疗方案，更好地为患者提供个性化的医疗服务，优化医疗资源管理模式。

医疗数字孪生系统的研究对象主要分为医生、患者和医疗资源，目前数字孪生系统在该领域面临的问题主要有：医疗方案或手术方案的可靠度存疑，对医生经验的依赖度较高；对患者病情、医疗设备机理描述不够准确等。由此，需要加强对相关关键技术的研究，包括数字化院内导诊、人机融合的机理模型构建、手术实时三维影像导航、医疗资源智能管理等，以促进医疗数字孪生系统应用落地。

目前，医疗数字孪生系统的研发应用才刚刚起步，但已经初步取得了一定成果。例如，针对临床医学研究开发的数字孪生系统 Unlearn.AI，可以基于所采集到的患者的身体数据构建虚拟模型，并通过分类、对照来提升实验效率。

LEXMA Technology 公司和 OnScale 公司合作开发出"数字双肺"模型，辅助医生预测肺炎患者的通气需求。法国达索基于心电图（Electro Cardio Graphy，ECG）数据和磁共振成像（Magnetic Resonance Imaging，MRI）数据开发出一款数字孪生模型，该模型可以清晰、准确地呈现出相关身体部位的解剖结构，从而为心脏治疗设备、器械的研发提供支持。

2.2　IDTS 的概念特征和功能架构 〉

2.2.1　IDTS 的定义与主要特征

数字孪生技术在工业制造领域目前已经有了较为成熟的应用。但应用场景主要集中在虚拟孪生模型表达和数字孪生模型辅助下的设计制造一体化、设备故障预警、设备运行维护等方面，面向产品全生命周期的数字孪生系统并不完善，在系统架构设计、运行模式等方面有待优化。

工业数字孪生系统（Industrial Digital Twin Systems，IDTS）的研究对象包括生产物料、制造设备、作业人员、生产耗能和产品本身，系统所需数据则来自各类传感器、摄像头、设备控制系统等。IDTS 围绕工业生产管理需求，实现了人员、设备、环境的交互融合。现阶段的 IDTS 的应用还面临着以下问题：一是不同的数字孪生模型难以对接融合，拓展性有限；二是系统技术成熟度划分缺乏统一标准；三是系统运行模式多样，在不同的产线、设备、流程的生产场景中可能存在适配性、兼容度问题。因此，需要针对数字孪生体制定相关技术规范标准，以促进不同应用场景的技术融合、技术评价，集中力量推进解决关键技术问题。

IDTS 主要具备以下几点特征，如图 2-1 所示。

图 2-1　IDTS 的主要特征

（1）以人为中心

随着生物技术、三维建模技术、虚拟现实技术的发展，IDTS 不再仅仅是一个自动化、程序化的软件系统，而是集成了光学视觉动作捕捉、可穿戴动作捕捉、全方位情感感知、生物识别、AR/VR 等功能的以人的行为主导运行的智能系统。同时，IDTS 在进行需求分析、方案设计、生产管理等活动时，都是从人的需求出发、以人的决策为基准的。因此，IDTS 与人员的交互是其重要特征，人员的工作熟练度、工作状态等是影响 IDTS 运行的重要因素。

（2）系统高保真度要求

在实际应用场景中，对工业数字孪生系统有着较高的保真度要求。IDTS 中孪生模型的各种属性，包括尺寸、性能、外观、材料、行为动作及所处环境等，都需要与物理对象保持一致。在构建模型时，还需要对物理对象实时改变的或不变的、线性或非线性的属性进行区分。模型对物理对象的还原度越高，越能够精准映射出物理对象的实时状态，从而更好地辅助生产、决策等实践活动。

例如 IDTS 对关键产线设备的仿真，其零部件模型只有达到高保真度要求，才能准确反映出设备的运行状态，作业人员才能据此进行有效管控。

（3）"人、机、环境"相互融合

IDTS 的运行是由人员、机器设备和环境协同驱动的。其中：

● 人员即工程命令的发出者，具体可以是工人、工艺师、工程设计师、

系统工程师或管理人员等;

● 机器设备能够根据人员发出的命令执行任务、开展作业活动,机器设备主要包括完成整个生产活动所需的计算机及各类设备;

● 环境则是指人和机器交互时所处场景,可以为生产活动的顺利落实提供保障,工作环境是该要素的具体体现。

（4）孪生模型的复杂性

工业数字孪生系统涉及电子、机械、控制、编程等技术领域,不同学科背景的人员在构建孪生模型时,在模型结构、功能、类型等方面各有侧重,使得孪生模型具有复杂性的特点。从应用层面划分,典型的孪生模型有流程模型、多物理场模型、三维结构模型和不同专业的机理模型等,IDTS 可以支持这些模型的连通、整合、融合或协同运行。

2.2.2　IDTS 的架构、功能与构成

数字孪生系统是一款集成了人工智能、虚拟数字模型、数据分析等技术的智能信息系统,它可以将物理对象的运行状态以可视化的形式呈现出来,并在此基础上进行科学分析与预测,以辅助人员实现对物理对象的智能管控。

（1）IDTS 的系统架构

IDTS 的系统架构主要涵盖了物理层、感知层、孪生层、应用层和控制层,这五个层次通过功能接口或协议实现数据传递与信息交互。例如,物理层的数据信息可以通过数据感知接口传递到感知层;感知层采集到的异构实时数据通过模型 / 数据传输接口和协议传递到孪生层;孪生层与应用层之间的数据交互则是通过应用服务接口实现的;控制层则全程参与以上四个层级的信息交互过程。IDTS 的系统架构如图 2-2 所示。

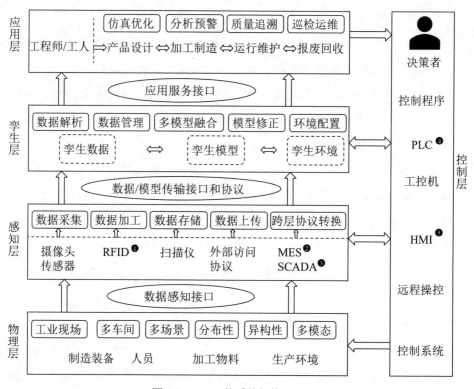

图 2-2　IDTS 的系统架构

（2）IDTS 的主要功能

①模拟仿真和优化控制：高度还原的 IDTS 仿真模型可以辅助作业人员对物理对象进行优化管控，IDTS 基于对物理对象数据的计算分析，能够提供较为合理的管控、优化方案。

②远程监控和预测：依托于物联网、传感器技术，IDTS 可以辅助实现对物理对象的远程监控与管理，通过传感器采集到的实时数据信息，系统可以对物理对象的运行状态进行分析预测，及时预警运行中可能存在的风险和问题。

---

❶　RFID：Radio Frequency Identification，射频识别。

❷　MES：Manufacturing Execution System，制造执行系统。

❸　SCADA：Supervisory Control and Data Acquisition，数据采集与监视控制系统。

❹　PLC：Programmable Logic Controller，可编程逻辑控制器。

❺　HMI：Human Machine Interface，人机界面。

③故障诊断和维修支持：基于对物理对象运行数据的分析，可以及时发现异常数据，对故障原因进行溯源，并提供问题解决方案或维修方案。

④可持续发展和环保：IDTS 在覆盖制造全流程的基础上，可以对各个环节、流程进行整合，通过优化能耗方案减少资源消耗，这不仅有利于降低生产成本，还有利于生产活动向着环境友好的方向发展。

（3）IDTS 的系统构成

数字孪生系统主要由数据采集、数据处理、模型构建、云计算与存储、应用平台等模块构成，如图 2-3 所示。

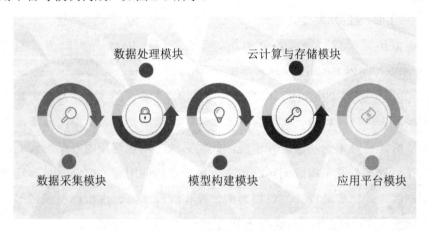

图 2-3　IDTS 的系统构成

①数据采集模块：各类传感器所采集到的物理对象相关数据可以通过物联网实时传递到数字孪生系统或云端进行分析处理。

②数据处理模块：系统可以基于一定的算法规则对数据进行分析计算，从而获得物理对象运行状态的预测结果，同时还支持实时故障预警与管控优化。

③模型构建模块：其基本任务是基于物理对象的状态数据构建准确的虚拟模型，并实时校验、同步更新，为数字孪生系统提供可靠性基础。

④云计算与存储模块：为仿真对象数据的计算、分析、存储、共享提供支撑，辅助人员对系统、设备、流程等要素的管理。

⑤应用平台模块：为数字孪生系统的相关功能（包括设计、监控、仿真、预测、管控、故障预警等）提供操作环境。

2.2.3　IDTS 的成熟度模型构建

促进 IDTS 在应用需求分析、方案规划设计、生产过程监管、预警运维等全生命周期的连通，在各流程、各业务、各要素的全覆盖，在虚拟空间中实现对物理对象的精准映射、实时交互，打造一款集成产品设计优化、产线规划仿真、生产流程精准管控的软硬件一体化系统，是 IDTS 现阶段的主要发展方向。为了更好地推动 IDTS 的发展，需要对 IDTS 的类型以及成熟度模型有准确的了解和把握。

（1）IDTS 的两大类型

根据仿真模型与物理对象的互动关系，可将 IDTS 分为以仿真为主的 IDTS 和以控制为主的 IDTS 两种类型。

①以仿真为主的 IDTS。以仿真为主的 IDTS 重点关注对物理对象状态的精准映射，包括其材质、尺寸、外观、性能、运动轨迹等，根据模型可以直观地了解物理对象的动态运行情况。此类系统与物理对象的互动性较弱，孪生系统与物理系统不构成闭环，在工业场景中的应用较为广泛，具体场景包括生产线设计、产品设计、虚拟装配、操作训练仿真、虚拟样机调试等。根据具体需求，可以调整系统的仿真程度。

②以控制为主的 IDTS。该类型的 IDTS 数字孪生模型依托于特定的应用软件或工具，可以实现与物理系统的实时交互、数据共享、协同管理与迭代优化。其具体应用场景主要有对设备运行状态的监测控制、对产线运行流程的监控、对重要系统或关键零部件的性能评估等，从而提高生产效率，促进产线运行、管理的智能化发展。

IDTS 仿真模型基于较高的还原度要求，也将随着系统或产品全生命周期的发展而不断迭代优化，这一过程中，IDTS 的含义随着新技术、新工具的应用不断得到扩展和深化，促进后来覆盖各领域的"数字孪生"（DT）概念的形成。DT 概念提出后，以控制为主的 IDTS 逐渐成为领域内技术研究的重要方向。

（2）IDTS 的成熟度模型

基于各种应用场景的多样化需求，不同类型 IDTS 具有不同的性能和特点，它们所发挥的作用也是不同的。根据其应用性能，我们可以将 IDTS 发展的成熟度模型分为四个阶段，分别为仿真阶段、孪生阶段、人机交互阶段和"人、机、环境"融合阶段（如图 2-4 所示），以下将对各个阶段进行简要说明。

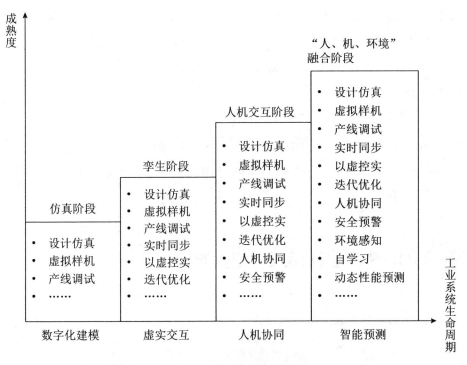

图 2-4　IDTS 的成熟度模型

①仿真阶段。该阶段 IDTS 的应用性能以仿真为主，主要任务是构建能够高度还原物理对象状态的仿真模型，模型系统只在虚拟空间中发挥作用，类似于传统的虚拟产线或数字样机。仿真阶段的 IDTS 可以有效辅助进行产品设计、产线规划与调试等活动，尤其是在概念设计、设计决策环节中发挥重要作用，同时能够帮助工程作业人员排查产线运行时可能存在的风险。

②孪生阶段。这一阶段的实现是建立在 IDTS 对物理对象高度仿真的基础之上的，该阶段能够实现虚拟模型与物理对象的虚实交互。依托于各类感知设备，IDTS 可以实时获取、更新物理对象的状态数据，从而实现数字孪生系统对物理对象的精准映射。而控制层通过对反馈数据的处理分析，促

进数字孪生系统与物理系统的优化迭代。该阶段的 IDTS 具备了一定的控制性能。

③人机交互阶段。该阶段是对上述两个阶段 IDTS（即以仿真为主和以控制为主）融合应用的进一步发展，人员与 IDTS 的交互成为影响 IDTS 功能性的重要因素。在人机交互的同时，还引入了虚拟现实、增强现实等技术，IDTS 可以根据智能化的分析计算结果，促进人员与系统的协作。

④"人、机、环境"融合阶段。这一阶段的 IDTS 除了具备上述三个阶段的性能特征，还融入了智能预测、环境动态感知、安全防控等功能，人员、设备与环境的协同程度更高，系统也更为复杂，其智能化、自动化程度进一步提升。IDTS 可以根据历史数据和实时获取的数据调整模型形态，通过无人监管的自主学习促进决策优化，从而实现智能化的模型管控与物理对象管控。

2.3 IDTS 的运行模式与整体架构 》

IDTS 的运行模式主要有四种类型，如图 2-5 所示。

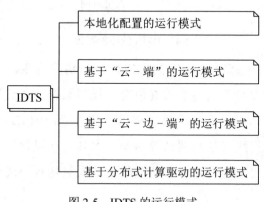

图 2-5 IDTS 的运行模式

- **本地化配置的运行模式**：部署在本地网络或局域网络的 IDTS 运行模式；
- **基于"云－端"的运行模式**：一类以云计算为中心的 IDTS 运行模式；

- **基于"云 – 边 – 端"的运行模式**：同样以云平台为中心，此外还协同边缘计算、业务数据存储等功能共同支撑 IDTS 运行，也是未来的主流模式；
- **基于分布式计算驱动的运行模式**：一种在统一的分布式物联网操作系统支持下的运行模式。

这四类不同运行模式的 IDTS 所面向的工业应用场景有很大的差异，主要可以体现在计算效率、存储方式、部署与运行成本、适用场景等方面，具体如表 2-2 所示。

表 2-2 不同 IDTS 运行模式的差异

运行模式	计算效率	存储方式	部署与运行成本	适用场景
本地化配置的运行模式	局域网配置，计算速度快	本地化存储	局域网部署，运行成本高	适用于安全性高、实时性高、运行参数多、调控频繁的复杂工业产品
基于"云 – 端"的运行模式	云平台上集中式计算，计算效率受云平台算力与网络传输速度影响较大	云平台集中式存储	租赁云平台的服务，可低成本快速使用	适用于计算实时性不高、运行参数较少的轻量化终端工业产品
基于"云 – 边 – 端"的运行模式	云、边协同计算，效率高	云、边分工存储	租赁云平台的服务，需要投入资金加强边缘层能力建设	适用于实时性要求较高、运行参数调控较为频繁的工业产品或智能车间
基于分布式计算驱动的运行模式	算力资源具有分散性	分布式存储	部署统一的分布式物联网操作系统，可快速、低成本使用	适用于计算效率高、运行可靠性高的工业产品，但须加强安全防护能力

2.3.1 本地化配置的运行模式

下面我们首先对本地化配置的 IDTS 运行模式进行简单分析。

IDTS 的本地化配置的设置和执行性能，通常依赖于限定地理区间范围内的本地网络的算力资源。在同一个地理区间范围内，要同时存在数字孪生系统的物理对象、设备控制、测量感知、数字孪生体、用户群、通信网络等要素，本地化配置的 IDTS 的运行模式如图 2-6 所示。

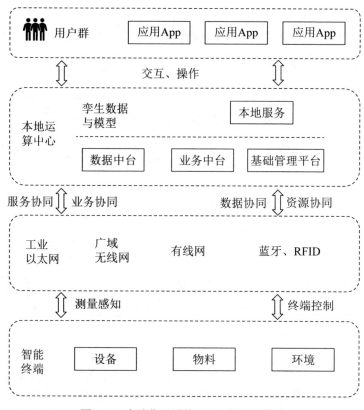

图 2-6 本地化配置的 IDTS 的运行模式

工厂区域范围内的以太网（以下简称"厂域网"）是 IDTS 的通信网络手段，依照网络接入点分布情况的差异，大致可以分为总线型网络、环形网络（主干网络线路沿着接入点进行架设）和星形网络（主干网络线路从中心向各接入点辐射状架设）。

通过各自的网络通信接口，IDTS 的人员、环境、物料、设备等实体内容可以分别和对应数字孪生体接入统一的厂域网，数字孪生体既要和本地物理对象同步运作，又要与之进行数据交互活动。这些活动都是在厂域网的算力平台上实现的，因此对本地网络的算力有一定要求。在厂域网中，本地物理对象通过通信接口为数字孪生体提供必要的数据支持；数字孪生体在此基础上进行模拟计算，并结合用户下达的操作指令，将最终操作指令传递给本地物理对象，完成信息闭环，随着信息的交互机制不断完善，系统的仿真性能也不断提升。

2.3.2 基于"云‐端"的运行模式

云计算是基于"云‐端"的 IDTS 运行架构的核心所在，如图 2-7 所示，运行系统包括用户群、云计算平台、网络传输和智能设备等要素，该运行模式中对智能设备的运算、存储能力要求不高，所有涉及用户服务、数据模型、业务逻辑方面的计算都可以在云计算平台上直接进行。

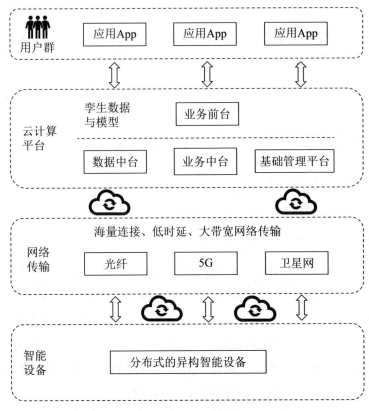

图 2-7 基于"云‐端"模式的 IDTS 运行架构

云计算平台，包含业务前台、业务中台、数据中台和基础管理平台四部分，基于"云－端"的 IDTS 运行模式，可以实现对所接入物理设备对应的数字孪生体数据的实时处理，用户登录应用 App 以后，可以随时查看和监控设备的运行情况，直接在 App 上发送对设备的操作指令，具有成本低、可靠性高和拓展能力强等优点，可以满足生产周期长、时效要求低的场景需求。

一般来说，对智能终端设备进行状态监测和控制所需的参数量级较少，因此以轻量化的工业产品为主。

例如滴滴出行的打车系统，它是一个包含快车、专车、出租车、顺风车、大巴和代驾等多项业务范围的综合性平台，可以提供的服务包括但不限于预约用车、订单分配、查询车辆实时所在位置、在线支付、订单评价、服务需求交流等。再如国外 GE 的工业互联网平台 Predix，和滴滴打车系统一样，也是一个非常典型的基于"云－端"的 IDTS 运行模式系统，在 Predix 上，可以远程进行发动机运行状况的监控和故障诊断，具有实时监控、预测维护和完善迭代的能力。

2.3.3 基于"云－边－端"的运行模式

基于"云－边－端"的 IDTS 运行模式，属于边缘计算模式的一类，它结合了边缘计算的计算能力和云计算的技术要点，基于边缘基础设施构建起了一个"云－边－端"协调运行的弹性计算平台。

相比于"云－端"的 IDTS 运行架构，该模式新增了边缘计算能力，边缘服务器或边缘设备具有通信、计算、存储等功能。基于"云－边－端"的 IDTS 运行模式中的计算、存储、网络转发和智能化数据分析等工作由于下沉到网络边缘，更贴近数据源，从而减轻了云端的计算压力，降低了数据传输的带宽要求，缩短了设备响应时间，实现了高效的算力分发与调配。由此，该运行模式有着时延更低、可靠度更高、安全性更高等优势，可以满足计算周期短、时效要求高的场景需求。具体运行架构如图 2-8 所示。

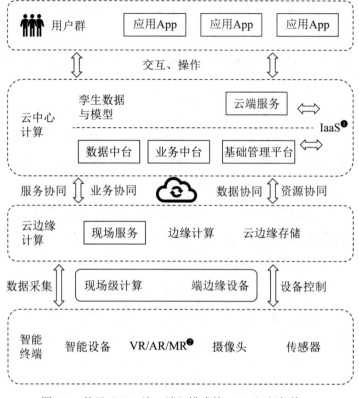

图 2-8　基于"云–边–端"模式的 IDTS 运行架构

　　比如，西门子的开放式物联网操作系统 MindSphere，就是基于"云–边–端"协同的开放式架构，在该操作系统上，可以搭建物理产品及其相应数字孪生体之间的实时反馈闭环，从而实现对物理对象的产品性能、运营状况和能源使用效能的实时监测。其中，运营状况反馈的数据，能够实现预测维护、性能调整、能源优化等功能，进而推动产品设计的优化与更新。

　　再比如，基于阿里云计算平台的杭州城市大脑项目也是一个"云–边–端"架构的数字孪生系统。阿里云边缘计算的技术栈涵盖了边缘计算操作系统、边缘硬件和芯片、边缘中间件、边缘计算平台和以边缘为目标的服务与应用等层面。

---

❶　IaaS：Infrastructure as a Service，基础设施即服务。

❷　MR：Mixed Reality，混合现实。

2.3.4 基于分布式计算驱动的 IDTS 运行模式

基于分布式计算驱动的 IDTS 运行模式（如图 2-9 所示），物理空间中的场所、人员、材料、设施等要素的分布都比较离散，由此带来了数字计算资源的分散性。该模式适用于企业规模大、厂区数量多、企业生产要素分散，但又有统一调度这些离散资源、促进其互联互通需求的场景。同时，该运行模式也适用于需要调用云计算平台算力资源来进行复杂模型计算的场景。

分布式 IDTS 主要通过以下两种方式来实现：

①在应用层实现分布式：系统的拆解和合并都在应用层进行，对其分散部署是由关联的软件通信系统来实现的。

②在操作系统层实现分布式：在操作系统层，IDTS 的应用开发和配置都由同一个操作系统完成，系统可以对分散于各个地方的资源进行集中调配，相关资源的分布细节暂不作考虑。各类运行于现实物理设备上的分布式操作系统，共同构成了一个大的虚拟系统，这个虚拟系统可以囊括 IDTS 的所有功能，这样就形成了整体系统逻辑上的统一化和具体运行的分布化。工业数字孪生系统就可以配置这样一种分布式的操作系统。

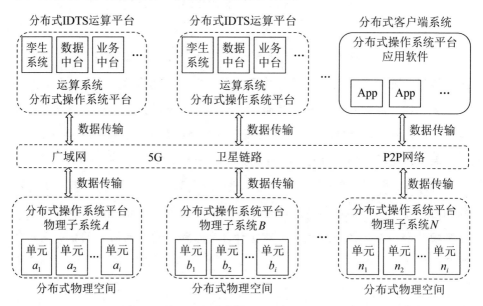

图 2-9　基于分布式计算驱动的 IDTS 运行模式

分布式 IDTS 在物理空间上分散分布在不同的区域范围内，这些分散的要素所构成的系统，则是通过广域网这一数据传输纽带进行连接的，这种连接也可以随着物理对象的增加持续拓展，而这些物理对象也需要接入统一的操作系统。这样，操作系统可以支持对物理对象的控制和感知测量等功能。运行 IDTS 各类软件的运算平台也可以采用分布式的部署方式，并由分布式操作系统进行统一管理，同时支持与系统外的其他分布资源进行数据交换。和分布式 IDTS 在物理空间关联特性一样，分布式操作系统也可以整合在一个统一的虚拟运算平台中，从而促进平台进一步拓展。

03

第 3 章
工业数字孪生平台

3.1 国外数字孪生平台与典型案例 〉

3.1.1 亚马逊：AWS IoT TwinMaker

2021 年，亚马逊（这里主要指 Amazon Web Services，下文简称 AWS）推出了应用于工业领域的数字孪生服务平台 IoT TwinMaker。平台基于在云端构建虚拟映射的底层设计理念，可以在特定设计模拟场景中，实现对产品、设备零部件、工艺在不同条件下性能情况的预测。IoT TwinMaker 在系统内配置有连接器，可以接入 IoT SiteWise 等服务平台，为产品所需工业设备数据的采集、整合与分析提供支撑。

IoT TwinMaker 可以辅助制造企业轻松创建能够精确映射现实世界的数字孪生系统。具体地说，企业研发人员可以将 IoT TwinMaker 连接到各类设备传感器、摄像机或业务应用程序等数据源上，从而快速收集、处理来自这些设施的大量数据，实现对相关设备、物理系统、生产流程的数字孪生系统的快速构建，辅助进行运营流程模拟与运营绩效的优化提升。

当 IoT TwinMaker 同时连接到多个数据源时，会自动生成一个能够映射这些数据源关联性的知识图谱，并实时更新数据信息，从而实现对现实世界中物理对象的精准映射。同时，IoT TwinMaker 附带的插件 Managed Grafana 支持在 Web 端创建反映现实世界的数字孪生应用程序，这有助于用户（企业或客户）运营效率的提升，并减少运营停机的时间。

IoT TwinMaker 线上化的优势还在于大大降低了企业构建工业数字孪生系统的成本，客户只需要利用既有的线上化数字资源，就能够基本满足其运营需求，且客户无须预付整个系统的搭建费用，只需要为其使用的服务付费即可。

具体地说，亚马逊的 IoT TwinMaker 为用户提供了以下三个方面的服务功能。

①系统知识图谱：如上文所述，IoT TwinMaker 可以通过连接不同的数据源，为用户构建涵盖物理对象信息、流程信息或相关仿真模型信息的知识图谱，并根据来自连接器的数据反馈实时更新、修改与同步图谱信息。而用户可以通过一个统一的接口访问图谱中的不同系统信息。

②场景聚合：IoT TwinMaker 可以辅助用户快速创建复杂的、包含不同设备的三维虚拟场景。用户可以将所上传的物理设备的 CAD 模型或 3D 模型放置在同一个 3D 场景中，并在场景中输入相关数据或操作流程，实现对现实场景的仿真模拟。

③可视化与应用：IoT TwinMaker 支持用户在数据可视化平台 Grafana 上创建与数字孪生系统关联的仪表盘应用，从而实现仿真流程的可视化。同时，这些数据可以通过系统提供的 Flink 框架与亚马逊的数据处理平台 Kinesis Data Analytics Studio 连接，或与其他第三方数据库连接。IoT TwinMaker 还可以与 AWS 的机器学习应用 SageMaker 集成，实现一定程度的自动化仿真运营与管理。

IoT TwinMaker 可以辅助用户便捷、简易地创建数字孪生系统，所映射的现实对象包括工厂、产线、设备和建筑等，该系统得到了快速推广。例如，美国英威达（INVISTA）公司通过 AWS IoT TwinMaker 辅助现场人员高效处理来自不同地点车间的操作指令和警报；美国开利公司（Carrier）利用 IoT TwinMaker 构建了映射实际业务流程的数字孪生系统，并通过机器学习术算法对数据进行分析，得出优化运营方案，促进其产品性能提高，降低了服务成本，提升了企业的运营效率和盈利能力；中国交建的某一下属公司利用 IoT TwinMaker 创建的建筑数字孪生系统，为环境管理人员全面、深入地了解项目对环境的影响提供了支撑。

3.1.2　西门子：Simcenter 仿真解决方案

西门子（Siemens）研发的 Simcenter 是一个支持数字孪生系统开发的应用平台，可以为客户提供开放、灵活、可扩展的数字化仿真测试解决方案，为客户的数字化转型与创新提供支撑。平台的核心产品包括仿真工具 Amesim 和机电液热系统建模，同时集成了用于求解 CFD（计算流体动力学）的多物理场仿真工具 STAR-CCM+、结构多物理场仿真工具 Simcenter 3D 和电子散热仿真工具 FloTherm 等，平台可提供的方案则涉及电子设备仿真与工程开发中的结构、系统、电磁、流体、物理测试等领域。

Simcenter 作为一款专业性的工程仿真解决方案，有着以下优势：

- **覆盖领域广泛**：其解决方案可跨越运动、流动、结构、电磁、热学等学科，从不同角度为客户找到最优设计或解决方案。
- **集成程度高**：在基于模型的系统工程（MBSE）概念的基础上，建立了高效的模型数据传递机制和团队沟通机制，提升了整个研发环节的集成度，为仿真测试提供一体化的解决方案。
- **引入了先进的数字化技术**：为客户提供云计算、流程自动化仿真服务，有助于缩减研发周期和研发成本。
- **仿真性能高**：可以打破外部软件连接的数据壁垒，支持从材料选择到整个系统性能测试的全流程建模。

目前，Simcenter 仿真解决方案已经在国内外航空发动机及燃气轮机企业的研发活动中得到普及应用。例如，Pratt & Whitney 公司（简称 P&W）通过 Simcenter 3D 构建了可用于转子动力学仿真和整机仿真的数字孪生模型；运用 STAR-CCM+ 进行燃烧仿真分析，获得了较为可靠的燃烧室出口温度分布数据；运用 HEEDS 工具打通了数据壁垒，将所有仿真数据串联起来，并利用仿真数据管理（SDM）对流程设计变更数据进行及时更新和同步，在达到预期目标的前提下将涡轮叶片设计时间缩短了一半以上。Simcenter 辅助研发团队大幅缩短了设计研发流程中进行仿真分析的时间，使工程师能够将更多精力放在设计本身和工程决策活动中，提升了研发设计的质量和效率。

除了辅助工程设计仿真，Simcenter 仿真解决方案在制药领域也得到了推广。以美国医药公司葛兰素史克（GSK）为例，该公司利用 Simcenter 构建了用于疫苗研发及生产仿真的数字孪生系统，通过在线传感器将监测到的各类现实生产数据实时反馈到工厂数字孪生系统中，利用系统进行良品率、产线故障率等方面的预测分析。同时，采用 Simcenter 进行离线仿真，促进生产工艺的优化创新，缩短了疫苗的上市周期。

3.1.3　达索：3D EXPERIENCE 平台

法国达索公司（Dassault Aircraft Company）在原数字孪生范畴的基础上进一步提出了虚拟孪生的概念，如果说数字孪生是对现实世界或物理对象的数字化表示，那么虚拟孪生所表示的内容不仅限于物理对象本身，还包括该物理对象所处的整个环境或系统。在整个系统中，可以获得更为精准、可靠的对单个对象的仿真优化结果。

该公司基于上述理念，开发了一款数字孪生平台 3D EXPERIENCE（下文简称 3DE），目前已经在汽车、飞机、船舶、工业设备等制造领域得到了普及应用，该平台可以辅助企业升级产线、优化制造流程，从不同专业领域或上下游的层面提升整体效率。

基于云环境的 3DE 平台中集成了不同领域的专业技术和知识，具备多种仿真功能，可以提供从产品概念设计、制造生产，到交付使用、运营维修再到废弃回收的全生命周期的数字服务。工业企业可以利用该平台构建数字孪生场景，并基于系统生态进行深入洞察，从而获得关于工业资产状态的科学、准确的评估结果，进而通过智能计算、分析获得优化方案。

以重型卡车的相关行业为例，面对快速变化的技术、行业趋势和日趋多样的市场需求，模块化是行业转型的重要方向之一。3DE 平台可以支持构建个性化的符合企业标准要求的虚拟产品平台，企业可以通过平台对产品技术、配置进行充分整合。在 3DE 平台中，三维数字样机可以实现对产品模块化状态的仿真，并为产品不同应用阶段、应用场景和不同部门的应用需求提供支撑，具体覆盖了研发、制造、工艺、销售等模块化需求。

可配置、模块化的产品研发模式有利于提高对市场需求的响应速度，缩短生产、交付周期。而推进 3DE 统一模型在产品生命周期、企业业务链条、运营数据等方面的全覆盖，有助于实现降本增效，提升企业的核心竞争力和价值创造能力。在推进模块化与产品互联的过程中，重型卡车行业的原始设备制造商（Original Equipment Manufacturer，OEM）需要不断优化产品质量和设计，以确保产品性能，保障车辆安全。

3DE 平台通过与 MBSE、软件开发模块、机电一体化模块共同集成，为重卡企业的产品优化创新提供了有力支撑，进一步驱动企业在流程管理、运营方面的数字化、智能化转型，辅助企业制定符合新安全标准、新行业标准的产品发展战略。

MBSE 系统可以在交叉学科研究方法的基础上，结合外部需求按照结构化、系统化路径构建仿真模型，通过智能化逻辑分析辅助进行产品方案验证，从而在产品开发早期优化系统行为，使复杂的产品系统和逻辑结构符合安全性、稳定性、智能化等方面的要求。同时，3DE 一体化数据架构可以辅助工程师进行电子电气架构（Electrical/Electronic Architecture，E/E）、物理样机和其他特定应用软件的开发，从而实现 MBSE 到 MBD（Model Based Definition，基于模型的定义）的顺利衔接。

3.1.4 安赛思：Ansys Twin Builder

安赛思（Ansys）公司开发的孪生平台 Twin Builder 包含三个核心功能，即模型建模、模型验证和模型部署。该平台的主要应用领域或研究方向涉及五个方面，分别为：基于仿真的数字孪生、基于经验公式的数字孪生、设计阶段的数字孪生、针对生产设备的数字孪生和针对产品运维阶段的数字孪生。特别需要说明的是，Twin Builder 平台基于多语言、多物理域的特性，可以支持跨领域、跨学科的数字孪生和系统仿真。

Twin Builder 支持搭建整体模型架构和仿真模型，并进行仿真验证；同时可以与任何物联网平台连接，促进数字孪生体的灵活部署。Twin Builder 平台可以辅助进行故障排查、系统改造升级、设备效能改善，也有利于企业根据反馈数据进行新产品的功能优化。

Ansys 开发的 Twin Builder 平台在多个领域中有着丰富的实践经验。例如核能领域，在由法国跨国公共事业机构法国电力集团（EDF）主导的 Connexity 联盟推动的核能数字化转型活动中，实践团队利用 Twin Builder 进行方案创建、验证和部署，大大缩短了创建精确产品模型的时间。在泵加工行业，Twin Builder 可以辅助操作人员实时监测加工流程，并及时修复、解决可能存在的问题，使生产安全性和生产效率得到大幅提升。

3.1.5　Altair：One Total Twin

2022 年，Altair 推出了一个全面的数字孪生整体解决方案 One Total Twin，该平台可以覆盖产品的全生命周期，集成了人工智能、大数据计算、物联网、智能数据分析等先进技术及知识，支持用户在云端、本地或即插即用的环境中接入平台，并为用户提供了多样化的仿真工具。以下对产品不同生命周期可用的工具进行介绍。

①在预生产阶段，One Total Twin 平台上配置了多种孪生工具，例如 Inspire、Flux、Drive、PollEx、Altair Activate、HyperWorks、Compose、XLDyn、PSIM、Feko 等，这些工具可以在产品方案制定、方案验证、产品实际性能预测等活动中发挥辅助作用。

②在后期生产阶段，可以利用平台配置的孪生工具还原、仿真现实对象的运行情况（包括预期和非预期事件等），从而根据仿真结果改善交互环境，优化产品操作性能。该阶段可以使用的孪生工具主要有 Altair Embed、HyperStudy、MotionSolve、Design Explorer、Vortex Studio、Panopticon 等。

③在产品使用阶段，运用平台中的孪生工具 SLC、Altair RapidMiner、Monarch、Knowledge Studio 和 SmartWorks 等，可以对产品在使用过程中可能存在的问题进行预测、分析，为产品运维提供支撑。

3.1.6 IBM：Digital Twin Exchange

IBM 推出的数字孪生解决方案 Digital Twin Exchange 融合了人工智能、物联网等先进技术，能够为资产密集型企业提供可靠的数字孪生资源。

该方案的参与者包括 IBM、内容服务提供商和用户。其中，内容服务提供商可以为用户提供多样化的数字孪生资源（资产），这些资产通常有相应的定价；用户则是数字孪生资源的购买者，付费后可以下载、管理所得资产。Digital Twin Exchange 支持多种形式的数字孪生工具下载，包括 3D CAD 文件、物理对象仿真模型、场景仿真模型、物料清单、工程手册等。

IBM 的数字孪生方案在制造业、水利工程等多个领域发挥了重要作用。比如，在应用科技领域，利用该数字孪生方案能够提升工厂的自动化程度，减少工程师在产品更新迭代方面的业务量，为企业有效降低总成本，从而既满足企业的质量标准要求，又可以加快产品创新的速度；再如，IBM 与上海水利科技合作开发数字孪生水利工程系统，基于能够准确映射物理对象状态的数字模型和有限元计算模型，深入分析大坝及其围堰结构等数据，以实现对大坝结构变形情况的准确预测，并及时预警、反馈异常状态。

3.2 国内数字孪生平台与典型案例 〉

3.2.1 华为：云 IoT 解决方案

华为推出的云 IoT 解决方案可以辅助构建多域数据协同的数字孪生系统，在统一接入制造现场全要素的基础上，对数据进行实时采集、高效治理与科学分析，从而为客户提供场景化、智能化的解决方案，华为云 IoT 的产品架构如图 3-1 所示。基于华为云 IoT 的数字孪生系统，可以实现对现实生产活动的实时监控，并支持对生产过程进行复盘、追溯，并进一步改进优化。目前，该方案已经在机械加工、钢铁、汽车整车制造等领域快速推广，有利于促进企业的数字化转型，实现降本增效。

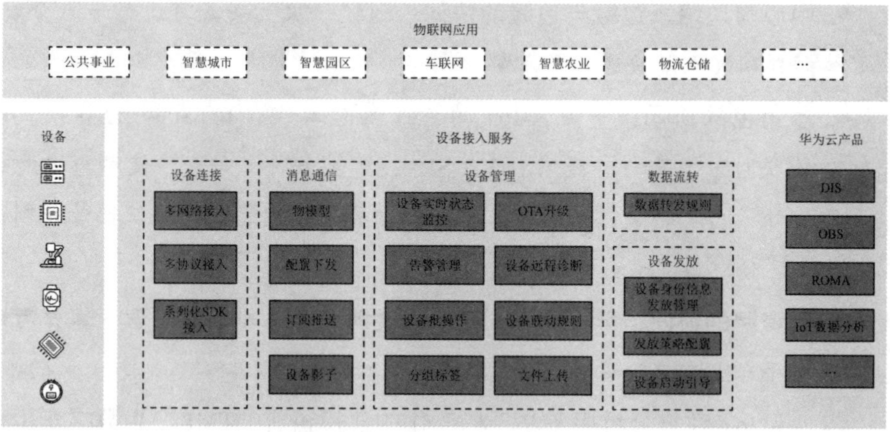

图 3-1　华为云 IoT 的产品架构 ❶

在行业内，华为云 IoT 平台主要有以下优势。

（1）泛在连接

华为云 IoT 平台有强大的网络连接能力，其设备协议库可以支撑水利、交通、工业、环保等领域的 60 余种细分行业协议接入，且接入模式多样，可以与不同行业场景或多源异构数据的接入需求灵活适配。平台采用"端－边－云"的分布式级联架构，支持设备实地、就近接入，从而为从现场到集团中心的多级协同管理提供条件，有助于促进企业运营管理模式的升级优化。

（2）场景化孪生

华为云 IoT 平台中配置的孪生建模引擎可以支持对复杂 OT（操作技术）场景的建模，有着性能可靠、便捷高效等优点。其中，性能可靠体现在支持构建涵盖场景、设备、机理等要素的时空一体的数字孪生模型，而孪生引擎可以提供百万级点位的高并发运行环境，融合计算、响应速度可以达到毫秒级，从而实现对现实世界的精准模拟；便捷高效主要体现在建模方式上，通过塑形即可建模，无须从头开始编写代码。

（3）智能协同

华为云 IoT 实际上也是一个囊括了多种行业生态的工作台，可以大大提

---

❶　图片来源：华为云平台。

高数字孪生系统的构建效率和交付效率。其协同性体现在以下三个方面：

- **中心与边缘、边缘与边缘的协同**：通过一次集成就可进行多点分发，辅助研发人员快速部署方案。
- **多角色的协同**：华为云 IoT 的行业生态工作台 IoTStage 为各领域的物联网方案参与者提供 IHV、SI、ISV 等多种工作台，使参与者能够专注于自身领域，协同产出符合标准要求的内容，并降低批量复制成本，使任务完成效率得以大幅提升。
- **云资源的协同**：平台为客户提供各类所需的基础数字资源，客户可以在平台上直接购买、注册或创建。

华为云 IoT 数据分析服务基于标准化的建模语言 DTML，为数字孪生模型提供了强大的数据支撑。在处理数据分析需求时，通过与资产模型深度整合，可以为开发者提供准确可靠的物联网模型数据。同时，平台中预置了多种与业界实践匹配的工业场景算法模型，客户可以直接调用，由此使数据分析效率大大提升。

华为云 IoT 数据分析可以围绕智能化、数字化基础设施构建需求提供相应的能力，主要体现在以下几个方面。

①高效可视化建模能力。华为云 IoT 数据分析服务采用图形化建模算法，降低了数字孪生模型的开发难度，提高了建模效率；以树状层级结构描述不同物理对象的内在关系，包括组合关系、空间关系、上下游关系等，赋予了仿真模型构建的灵活性；开发者可以基于需求自由定义或复制资产模型模板。

②高性能模型构建引擎。华为云 IoT 有着强大的数据处理能力，其模型引擎可以快速完成高并发、高实时的计算任务，从而确保数字孪生模型对物理对象映射的准确性；虚测点可以辅助计算单元进行多种形式的计算，例如三角函数、四则运算、科学记数法、流计算等。

③统一模型融合分析能力。围绕数字孪生模型，华为云 IoT 可以满足用户在时空维度上的各种数据分析需求。另外，开发者可以通过平台预置的 AI 应用接口，快速部署 AI 应用，从而使数字孪生系统具备了智能优化升级的能力。

3.2.2　腾讯：数字孪生云平台

2022 年，腾讯基于游戏科技、人工智能、云计算（云渲染）、模拟仿真、全息感知等技术打造的数字孪生云平台正式上线，并围绕物联感知、空间构造、时空计算、仿真推演、逼真渲染等五大核心能力进行优化完善，逐渐形成了较为完整的数字孪生产品矩阵。

该平台能够有效解决数字孪生模型构建过程中存在的问题，例如泛在触达问题、跨时空协同问题及决策优化问题等，同时可以辅助实现从业务经验到系统性知识的转化。用户可以借助平台能力快速构建数字孪生模型，促进产品、业务的创新。

腾讯数字孪生云平台的主要能力特点如下：

①全真映射。平台集成了全息感知、模拟仿真、音视频传输等技术，可以实现对物理对象在虚拟环境中的精准映射，为获取可靠的仿真数据奠定基础。

②数据驱动。支持对海量真实数据的实时采集与快速分析，在此基础上构建的融合多源数据的仿真模型可以辅助人员进行高效率、高精度的预测分析活动。

③实时计算。基于"云 - 边 - 端"协同的分布式架构，可以支持大规模、高时延要求的并行计算，实现对场景、物料、设备、流程等对象数据的高效处理，以智能化的仿真推演辅助人员决策。

④泛在连接。依托于云网络，用户可以随时随地从多个终端访问数字孪生系统，并实现本地（或异地）多用户实时协同，这有助于提升协同作业效率和决策效率。同时，数字孪生系统联通了企业微信，可以辅助人员在业务活动中高效沟通；基于人工智能算法的游戏化交互，可以使人机交互更加高效、智能。

在实际应用方面，腾讯数字孪生云平台在生产制造、能源、交通、建筑等行业中发挥了重要作用，为其数字孪生应用的优化完善高效赋能：

- **在生产制造行业**：为工业生产场景提供 Wemake 数字孪生工厂解决方案，促进工厂、产线、设备、整体作业流程的数字化转型，以满足高效、高质量的制造需求。

- **在能源行业**：提供覆盖多种业务场景的 Tencent EnerTwin 能源数字孪

生底座，为设备连接、原料产品供应、设施配置、人员安排等提供支持，如图 3-2 所示。

- **在交通行业**：提供覆盖全场景的、具有高计算性能的、低时延的数字孪生平台，打通云、边、端的界限，辅助进行合理的交通调度、科学的交通管理，完善应急机制，推动智慧交通的发展。
- **在建筑行业**：与智慧建筑场景适配的微瓴物联网类操作系统（Digital Building Space Studio）基于开放性的数字孪生底座和统一的接口标准，实现了各个建筑子系统的联通，为建筑管理运营者与建筑业主方的管理提供支持。

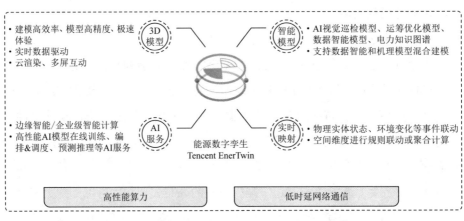

图 3-2　腾讯智慧能源数字孪生的业务价值❶

3.2.3　华龙讯达：木星数字孪生平台

基于数据在数字化生产方式中起到的重要作用，华龙讯达推出了能够支持高效数据管理的木星数字孪生平台（Jupiter Digital Twin Platform）。该平台可以依托于来自传感器、物理模型和既有数据库中的数据，对仿真模型中涉及的多物理量、多学科、多概率、多尺度的数据进行科学管理，从而实现虚拟模型对现实物理对象的精准映射。

虚拟空间可以基于物理对象的全生命周期、所处物理空间和各维度状态

---

❶　图片来源：腾讯云平台。

变化（如物料消耗情况、产线运行状态、产品质量等）等相关数据进行仿真，构建映射真实生产状态的实时镜像，所获取的仿真结果则会反馈到现实世界，从而辅助提升生产流程效率，保障均质生产，促进资源配置优化。

目前，华龙讯达已经帮助多个领域的头部企业搭建了数字孪生工厂，所涉及行业有交通、汽车、航空、新能源装备、医药、风电、核电、石化等。例如，电池行业的头部企业欣旺达利用木星数字孪生平台构建了数字孪生系统生产线，强化了对生产全流程的自动化、智能化管控；华润三九通过木星数字孪生平台，在生产车间引入了远程智能运维、设备生命周期管理、车间数字孪生平台、虚拟培训等应用服务；深圳巴士集团则基于木星数字孪生平台搭建了智能运维管理平台，通过可视化仿真数据驱动管理能力提升，使得公交巴士的调度、故障车辆的处置更为高效，服务质量得到极大提升。

3.2.4　卡奥斯：D³OS 数字孪生平台

卡奥斯基于在工业制造领域多年的技术经验积累，推出了数字孪生解决方案 D³OS，该方案包括 Data Space 数字空间、D³OS 工业操作系统、DI Engine 决策平台、DT Studio 数字孪生场景编辑器、IoT Plat 物联平台等，如图 3-3 所示。

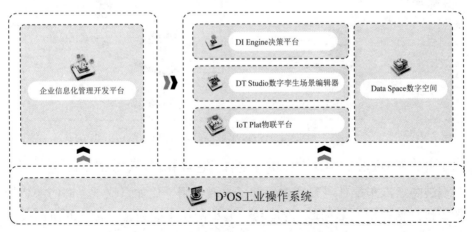

图 3-3　卡奥斯 D³OS 数字孪生产品体系 ❶

---

❶　图片来源：卡奥斯平台。

- **Data Space 数字空间**：可以高效处理不同来源的海量数据，充分挖掘数据价值，辅助企业决策；
- **D³OS 工业操作系统**：支持快速创建业务应用，提供自动化部署、管控方案，如图 3-4 所示；
- **DI Engine 决策平台**：依托于一站式构造 AI 算法辅助业务决策与仿真建模，促进生产流程优化、生产效率提高；
- **DT Studio 数字孪生场景编辑器**：可以支撑工业生产虚拟场景的构建，虚拟场景可以分为工厂级、车间级、设备级或零部件等；
- **IoT Plat 物联平台**：可以打通相关设备系统的连接，并与 DT Studio 联动，辅助实现对现实生产环境的高度还原。

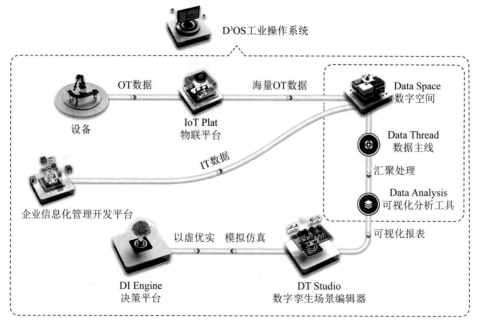

图 3-4　D³OS 工业操作系统 ❶

卡奥斯 D³OS 数字孪生解决方案目前已经在矿冶、医疗、轨道交通、高端装备、汽车配件等行业中发挥了重要作用。比如，位于上海的卡萨帝洗衣机制造厂利用卡奥斯 D³OS 数字孪生解决方案实现了虚实共生的定制

---

❶　图片来源：卡奥斯平台。

互联工厂的搭建，仿真系统的模拟计算为厂区规划、产线配置到设备调试等各个环节的方案确定提供了支撑。不同产线以及设备的实时孪生数据能够以可视化的形式呈现出来，同时通过 AI 系统进行优化；强化学习算法能够有效赋能数据洞察与治理，促进产业链优化升级，降低能源损耗。再比如，某医疗设备厂商利用 D^3OS 数字孪生引擎构建的知识图谱可以快速定位问题所在，进而及时解决问题。同时，D^3OS 可以对生产设备进行实时自动监控，及时反馈异常数据，辅助进行问题分析，为生产作业的全流程管控提供重要支持。

3.2.5　力控科技：ForceCon-DTwIn 数字孪生平台

力控科技以物联网、虚拟仿真等技术为基础，推出了数字孪生平台 ForceCon-DTwIn，为企业的数字孪生工厂提供整体解决方案，如图 3-5 所示。

ForceCon-DTwIn 数字孪生平台引入了 BS/CS（BS 即 Brower/Server 结构，浏览器 / 服务器模式；CS 即 Client/Server 结构，客户端 / 服务器模式）双模式并行架构，可以支持业界大部分主流网络协议、数据库和硬件接口的连接，能够合理划分子系统功能逻辑，具备良好的拓展性和应用性能。同时，平台配置了多样化的功能模块，包括数据管理方面的中间数据库、三维模型管理、H5 多形式数据图表展示；实现了运行、操作、告警、监控、门禁等方面的可视化；融合了应用方面的终端协同、应用配置、虚实联动、漫游巡检、B/S 信息接入等。

ForceCon-DTwIn 能够有效满足企业在互联互通、模拟仿真、三维可视化、实时监测与反馈控制等多个方面的需求。例如，中煤科工西安研究院利用该数字孪生方案实现了对园区的智能化、科学化管理，提升了管理效率，具体体现在：构建了高度还原的园区场景仿真模型，对系统运行情况进行实时监控，以可视化的三维场景数据辅助决策等。

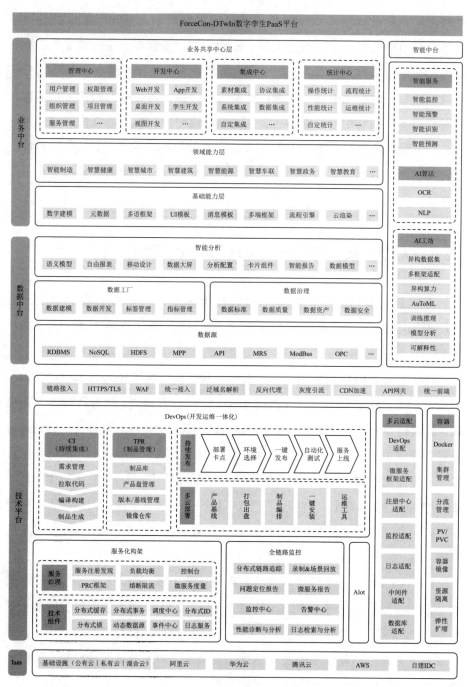

图 3-5　ForceCon-DTwIn 数字孪生平台架构 ❶

---

❶　图片来源：力控科技平台。

3.2.6　同元软控：MWORKS.TwinSim 数字孪生平台

同元软控在数字工程应用领域深耕多年，开发出了一款针对复杂装备的数字孪生平台 MWORKS.TwinSim，该平台可以辅助构建高仿真度的虚拟模型，以虚实交互辅助生产、管理决策。

平台集成了能够满足鉴定测试或运维保障等阶段需求的多种应用模式，包括监测、模拟、预测、评估、控制等，从而能够有效驱动物理对象不断优化。在数据管理方面，平台可以实时接收来自试验、物联网、数据库和各类感知设备的数据，支持同步更新仿真模型数据，并以多种可视化方式（如数值、图表、三维视景等）呈现数据，提供可靠的数据服务。

以航天科技五院为例，该机构应用 MWORKS.TwinSim 平台实现了对我国航天器在轨运行状态的数字模型实时伴飞，对嫦娥五号探测器供配电系统的在轨运行状态进行全时段、全任务实时监控，有效解决了因非测控弧段缺失遥测数据产生的监控盲区问题，支持对供配电系统运行状态进行仿真推演预测，并能够将其关键指标仿真结果值与实际遥测值的误差控制在 5% 以内。

MWORKS.TwinSim 数字孪生平台还为我国空间站三舱全系统数字伴飞提供了重要支撑。平台在对系统状态实时监控、风险预警与故障分析定位等方面发挥了重要作用，从而有效赋能空间站数字化运维管理。另外，国家数控系统工程技术研究中心也基于该平台构建了数控机床数字孪生模型，实现了对数控机床加工结果的精准预测，使整体加工质量得到显著提升。

04

第 4 章
设备数字孪生

设备数字孪生的应用场景与价值》

4.1.1 总体框架与实施要素

工业设备数字孪生系统中融合了大数据、物联网、人工智能和数字建模等多种先进技术，能够针对实际应用需求建立闭环数据交换通道，为物理空间和数字空间的数据信息交互提供方便，同时也可以将物理世界中的物理实体映射到虚拟的数字空间当中，以便在数字空间中展示并记录各项设备的实时状态和历史状态。

工业设备数字孪生系统中融合了物理设备、数据模型、算法模型、实体数字模型、传感系统、计算系统和相关应用软件，能够在对设备状态进行映射和记录的基础上根据实际应用需求分析决策或闭环控制物理空间的活动，为数字孪生系统和物理空间中的设备实体实现双向迭代提供强有力的支撑。

（1）工业设备数字孪生系统的总体框架

工业设备数字孪生系统主要由物理空间、数字空间和虚实交互三部分构成。

其中，物理空间和数字空间中的各项功能可以在生产运行的过程中不断优化升级；虚实交互可以利用感知和反馈控制通路来处理相关数据和指令信息，并在此基础上实现物理实体和虚拟实体之间的精准映射、交互融合以及智能反馈控制，以便针对实际生产活动来为工业企业的产品研发、产品设计、产品生产、智能运维、运行优化和智能决策等整个工业生产过程中的各个环节提供相应的服务。

工业设备数字孪生系统的总体框架如图4-1所示。

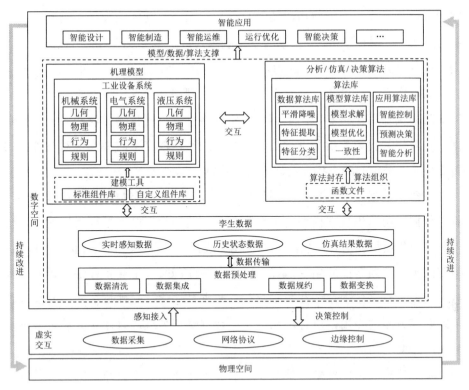

图 4-1　工业设备数字孪生系统的总体框架

（2）工业设备数字孪生系统的实施要素

工业设备数字孪生系统中主要包含物理空间、虚实交互、孪生数据、机理模型、分析/仿真/决策算法以及智能应用 6 项实施要素，如图 4-2 所示。这 6 项实施要素能够通过交互的方式来为工业企业建立数字孪生系统提供助力。

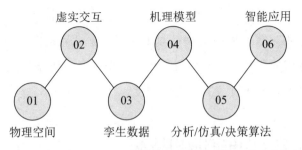

图 4-2　工业设备数字孪生系统的实施要素

①物理空间。基于工业设备数字孪生系统的物理空间中包含大量具有感

知状态信息、执行智能应用决策、执行控制指令等功能的设备，这些设备能够与虚实交互层相连接，并借助传感系统来为数字孪生系统的应用提供支持，为落实各项决策和指令提供助力。

②虚实交互。虚实交互具有数据采集、网络连接、边缘控制等功能，能够实时采集各个传感器中的数据，利用网络传输不同传输协议的多元异构数据，并对相关决策和指令进行边缘控制，进而在数字空间中实现对物理空间传感系统所采集的动态状态数据的精准映射。

③孪生数据。孪生数据主要包括工业设备历史状态数据、工业设备实时状态数据以及孪生机理模型仿真数据三类，这些数据既能呈现出构建机理模型所需的各项特征信息，也能与机理模型进行交互，还能利用分析/仿真/决策算法来为各项智能应用落地提供支持。与此同时，工业企业还需要充分发挥工业设备数字孪生系统在数据存储、数据秩序化、显性特征映射和隐性特征映射等方面的作用，对各项相关孪生数据进行处理，以便充分满足各项实际应用需求。

④机理模型。机理模型是工业企业利用建模工具构建而成的具有数据驱动、动态更新、多领域集成、多信息涵盖、多层级表述等诸多功能的模型，涉及各项工业设备控制系统的几何信息、物理信息、行为信息和规则信息等各类相关信息，能够以模型化的方式呈现物理空间设备和设备运行环境的运行机理、组成关系以及在不同层级中的属性。

⑤分析/仿真/决策算法。分析/仿真/决策算法能够通过封装并组织数据处理算法、模型求解/优化/一致性保持算法和适用于不同的设备应用领域的基础应用算法等各类常用算法的方式来推动智能应用快速落地。

⑥智能应用。智能应用能够针对工业设备生命周期的各个环节对设备的各项功能进行智能化升级，充分发挥机理模型、孪生数据和分析/仿真/决策算法的作用来提高工业设备的智能化程度。

4.1.2　设备数字孪生的应用场景

工业设备数字孪生系统能够在工业设备的设计、制造、调试、运行、报废、营销等生命周期的各个环节中发挥重要作用，推动工业设备全生命周期的智能化管控，如图 4-3 所示。

图 4-3 工业设备全生命周期应用场景

（1）基于数字孪生的精益化设计

工业设备在设计、制造和使用环节存在的数据集成度不足等问题将会影响设计的精益化程度。具体来说，以上问题对设计精益化的影响主要表现在以下几个方面：

- 设计人员对设备的制造能力缺乏了解，制定的设计方案执行效果差，产出的产品质量不高，既无法体现设备的制造能力，也加大了在制造成本方面的支出；
- 设计人员对用户需求缺乏了解，需要对设计方案进行多次调整，因此产品交付周期较长，增加了时间成本；
- 设计人员对应用阶段存在的问题缺乏了解，难以及时对产品进行有针对性的优化升级。

工业设备数字孪生系统在工业设备设计阶段的应用能够有效提高工业设备设计的精益化水平。具体来说，工业设备数字孪生系统在设计阶段的主要应用场景如表 4-1 所示。

表 4-1 工业设备数字孪生系统在设计阶段的主要应用场景

序号	应用场景
1	利用数字孪生来对制造过程进行映射和模拟，以便及时优化设计方案，推动设计和制造互相融合，避免因设计人员对设备制造能力了解不足产生的各类问题

序号	应用场景
2	利用数字孪生技术仿真用户应用，充分满足用户在产品功能、产品性能和产品经济性方面的需求，避免因设计人员对用户需求缺乏了解产生的各类问题
3	利用数字孪生再现故障场景，并在此基础上增强产品的功能易用性和运行可靠性，避免因设计人员对应用阶段的问题缺乏了解产生的设计和应用衔接不畅等问题

（2）基于数字孪生的智能化设备制造

工业设备制造存在智能化程度低、可信度低、环节复杂等问题，且制造商难以全方位掌控生产状况、生产信息和排产信息，决策模型也难以实时呈现工业设备在制造过程中的动态变化，因此产品的品质和交付周期无法得到充足的保障。

数字孪生系统的应用能够大幅提高工业设备制造的智能化程度。具体来说，设备生产过程的数字孪生模型能够以智能化的方式对生产和检测环节进行监管，并全方位掌握各项生产需求和实际生产状况，充分确保产品质量，同时也能够为排产环节提供支持，进一步提高排产的智能化程度和可信度。

（3）基于数字孪生的虚拟调试

工业设备的安装调试存在安全保障差、实机调试成本高、调试周期长、经验影响大、实际运行效果确定性差等诸多问题，而数字孪生在工业设备安装调试中的应用能够有效解决这些问题。具体来说，数字孪生具有实时映射仿真功能，能够在数字空间中对工业设备的各项静态参数和动态参数等进行虚拟化调试，从而降低经验和实际运行的影响，达到提高设备调试的安全性、减少在调试成本方面的支出以及缩短调试周期的目的。

（4）基于数字孪生的智能运行决策

人、机、环等各项相关要素的协调配合是工业设备稳定运行并充分发挥效能的基本保障。在工业设备无法适应生产环境、生产任务和工作人员无法适应设备状态变化的情况下，工业设备将无法有效发挥自身效能。数字孪生在工业设备运行阶段的应用能够动态映射生产环境、生产任务和生产设备的状态，并据此设计设备优化运行方案，提高控制系统的智能化程度，有效提高设备在各个方面的适应能力。

在设备管理方面，企业可以充分发挥各类传感器的作用，采集相关数据信息，并借助多种数据处理方法来评估设备状态，预测设备的剩余使用寿命以及可能会出现的故障，从而有效预防设备故障带来的风险。虚实设备精准映射是企业利用数字孪生技术进行设备故障预测和健康管理的基础，企业可以在此基础上全面分析各项相关设备，对设备故障进行预测，并利用虚拟设备模型和设备的历史运行数据来重现已经发生过的故障，以便提高故障定位的准确性和维修策略的有效性。

当设备在数字孪生应用场景中出现故障时，企业的相关工作人员可以远程获取来自数字孪生模型的各项相关数据，如报警信息、日志文件等，并在虚拟空间中预演设备故障情况，从而实现远程的故障诊断和设备维修，减少在设备维护方面的成本支出，同时也有效防止出现设备长时间停机的问题。

（5）基于数字孪生的绿色回收

数字孪生技术在工业设备回收再利用阶段的应用是能够利用自身在工业设备全生命周期中记录的相关信息来对各项环境污染因素进行全面分析，避免因相关工作人员对设备使用过程、可回收零件类型、零件回收价值、设备回收拆解方式等内容缺乏了解而造成的资源浪费和环境污染，并根据各项零部件的性能衰减情况进行有针对性的处理，从而最大限度地提高资源利用率和设备价值。

（6）基于数字孪生的新型营销

在产品营销过程中数字孪生不仅能够为用户沉浸式体验产品的功能和性能提供方便，还能够利用虚拟化的数字模型在实际应用场景中从不同的层次和不同的维度向用户展示产品，提高产品展示的直观性、全面性和可信度，以便用户全方位了解产品的可靠性、使用寿命、生产质量、运行效率、运行状态和系统集成能力，从而达到优化营销效果的目的。

4.1.3 设备数字孪生的应用价值

近年来，数字孪生技术在各个领域中的应用越来越广泛，社会对其引领技术变革的期望也不断提高，各行各业均在积极挖掘数字孪生技术的潜在应用价值，力图进一步提高数字孪生技术的价值创造能力。工业设备数字孪生不仅要满足企业的现有需求，还要拉动新需求，扩大市场范围，促进产业创新，衍生出更多新兴产业，发挥出更大的应用价值。

（1）价值本质视角

从价值本质的角度上来看，工业设备数字孪生技术的应用能够充分发挥数字孪生技术的作用，革新行业运营模式，根据企业的实际运营情况打造企业价值理念，提高企业的价值创造能力，进而助力企业提升质量、降低成本、提高效率、创造收益，如图 4-4 所示。

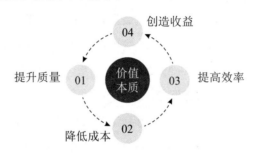

图 4-4　价值本质视角下的应用价值

①提升质量。数字孪生系统能够实现对产品信息的全方位、全流程追溯，并从产品设计和产品制造环节出发优化产品设计，提高品控水平，进而达到降低产品的故障率、返修率和次品率的效果。企业可以利用数字孪生技术来为用户提供全方位服务，充分满足用户的各类需求，并进一步推进产业升级和业务创新，提高产品定制水平，以便根据用户的个性化需求制造产品，同时也要强化自身竞争力，打造良好的企业形象，优化自身与用户之间的关系，建立产品全生命周期服务体系。

②降低成本。数字孪生技术具有强大的闭环双向沟通能力，能够集成业务水平、管理机制等要素，为企业减少在运维、故障、试错、资源、能耗、用工等方面的成本提供帮助。企业可以充分发挥数字孪生技术的作用来降低深化改革成本、技术改造成本和现代管理成本，建立以降本为重要内容的企业价值观念，并对自身的运营模式进行革新，提高运营环境的绿色化和可持续化程度，在此基础上进一步构建新的产品价值曲线，实现价值创造。

③提高效率。企业可以利用数字孪生技术来优化资源配置和业务流程，提高自身的柔性制造能力和工作人员的工作效率，缩短产品的研发和设计周期，并通过取长补短的方式来提升自身的价值创造能力，建立高效的运营体系，形成以增效为重要内容的价值理念。同时及时了解市场技术发展趋势等相关信息，建立并优化互联网生态网络，实时掌握供给需求变化情况，提高供应链的协同性，打造企业运营闭环，以便实现高效运营。

④创造收益。企业可以利用数字孪生技术来深入分析和精准洞察用户需求和市场需求，把握用户痛点，并在此基础上建立新的价值理念和商业模式，打破生产、技术和服务方面的限制，及时掌握市场变化情况，以便针对市场需求进行产品生产。同时对自身的业务、产品、市场策略等进行优化升级，进一步推动市场策略革新、主营业务增长、投资增长、单位产品价值增长、客户生命周期价值增长和市场机会增多，进而达到借助数字孪生来获取更高收益的目的。

（2）应用对象视角

工业设备数字孪生系统具有智能化的特点，能够在设备生命周期的设计、生产、调试、运行、维护、回收和营销等所有环节中发挥重要作用，为设备提供智能化、精准化的服务，并在多个方面帮助工业设备的生产商和用户获取更多价值收益。从应用对象视角来分析，设备数字孪生的应用价值主要体现在两个方面，如图4-5所示。

图 4-5　基于应用对象视角的应用价值

①对工业设备生产商的价值。一方面，工业设备数字孪生系统的应用能够有针对性地优化产品整体性能，弱化产品的不足，并提高产品利润。工业设备生产商可以利用工业设备数字孪生系统来根据具体应用场景构建闭环数字化反馈，以便精准处理各类不同的场景中存在的产品系统性问题、设计裕

度 ❶ 问题和设计缺陷问题，达到提高产品的质量和利润的效果，进而获取更多收益。

另一方面，工业设备数字孪生系统所提供的产品运维服务具有全面性强和精准度高的优势，能够有效提高产品附加值。工业设备生产商可以利用工业设备数字孪生系统来全面把握各项产品运行相关信息，精准控制产品运行过程，并生成可用性高、适用性强的解决方案来为设备的运行、维护和升级提供强有力的保障，进而达到提高用户黏性和产品服务价值的目的。

②对工业设备用户的价值。一方面，工业设备数字孪生系统的应用能够将设备的效能发挥至最高水平，最大限度地提高设备的生产质量和生产效率，帮助工业设备用户减少在生产环节的成本支出。工业设备用户可以利用工业设备数字孪生系统来对生产过程进行智能仿真决策，提高排产、工艺优化和设备运行参数优化等工作的智能化程度，进而在充分确保产品质量的前提下达到低本高效生产的目的，获取更高的产品利润。

另一方面，工业设备数字孪生系统的应用能够为设备的安全稳定运行提供强有力的保障，有效防止非计划停机等意外的发生，缩短产品交付周期，充分确保产品供应链的稳定性。工业设备用户可以利用工业设备数字孪生系统来实现对设备故障的精准预测和诊断，以便以智能化的方式进行设备运维，降低非计划停机事件的发生概率和持续时间，确保整个产业链中的各个环节在交付周期方面的稳定性，进而达到提高用户满意度的效果。

4.1.4　设备数字孪生应用成熟度评估模型

工业设备数字孪生应用成熟度评估模型能够从应用需求出发对模型的基础设施、技术实施、实施管理和应用成效进行深入分析，并根据分析结果来评估工业设备数字孪生系统的实际应用情况和应用效果。工业设备数字孪生应用成熟度评估模型如图 4-6 所示。

---

❶ 设计裕度：对设计过程中综合相关因素进行考量而做出的设计调整。通常情况下，设计裕度值应该相对固定。

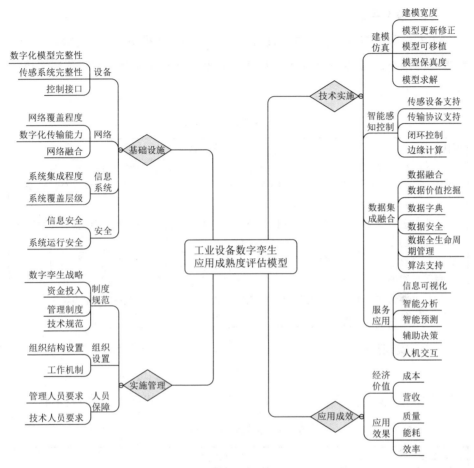

图 4-6 工业设备数字孪生应用成熟度评估模型

（1）基础设施

工业设备数字孪生应用成熟度评估模型能够从设备、网络、信息系统和安全四个方面对基于数字孪生的基础设施情况进行评估，具体如表 4-2 所示。

表 4-2 基础设施情况评估

评估指标	具体内容
设备	对实施后设备的数字化模型完整性、传感系统完整性、控制接口能力进行评估
网络	对网络覆盖能力、数字化传输能力和网络融合能力的建设成效进行评估
信息系统	对系统集成度和系统覆盖层级进行评估
安全	对信息安全和系统运行安全进行评估

（2）技术实施

工业设备数字孪生应用成熟度评估模型能够从建模仿真、智能感知控制、数据集成融合和服务应用四个方面对基于数字孪生系统的技术实施情况进行评估，如表 4-3 所示。

表 4-3　技术实施情况评估

评估指标	具体内容
建模仿真	采集和分析在数字孪生系统落地应用后的建模宽度、建模深度、模型保真性、模型可移植性、模型求解能力和模型更新修正能力等信息，并根据分析结果进行评估
智能感知控制	分析数字孪生系统的边缘计算能力、闭环控制能力以及对传感设备和传输协议的支持能力，并根据分析结果进行评估
数据集成融合	分析数字孪生系统的数据字典、数据融合能力、数据安全能力、算法支持能力、数据价值挖掘能力和数据全生命周期管理能力，并根据分析结果进行评估
服务应用	分析数字孪生系统的智能分析能力、智能预测能力、智能决策能力、人机交互能力和信息可视化水平，并根据分析结果进行评估

（3）实施管理

工业设备数字孪生应用成熟度评估模型能够从制度规范、组织设置和人员保障三个方面对基于数字孪生系统的实施管理情况进行评估，如表 4-4 所示。

表 4-4　实施管理情况评估

评估指标	具体内容
制度规范	主要包括对应用数字孪生系统后的管理制度、技术规范、战略完整度和资金保障度进行评估
组织设置	主要是对应用数字孪生系统后的工作机制和组织机构设置的完善程度进行评估
人员保障	主要是对应用数字孪生系统后的管理人员素养和技术人员素养进行评估

（4）应用成效

工业设备数字孪生应用成熟度评估模型能够从经济价值和应用效果两个方面对数字孪生系统落地应用后的应用成效进行评估，如表 4-5 所示。

表 4-5　应用成效评估

评估指标	具体内容
经济价值	采集和分析应用数字孪生系统后的成本变化、营收变化等相关信息，并根据分析结果来进行评估
应用效果	评估应用数字孪生系统后的生产质量、能耗情况和效率提升情况

4.2　设备数字孪生的数据互联 》

设备级数字孪生体中各个组件之间的互联互通与数据采集、数据传输、数据存储和数据处理息息相关。

4.2.1　数据采集

数据采集是设备级数字孪生体实现组件互联的关键。工业设备数字孪生系统需要利用物联网和传感器等技术在物理系统中采集各项数据，并在确保数据采集和数据传输的容错性、实时性和分布式布置的前提下映射到相应的数字孪生体当中，同时也要根据应用需求进一步明确数据的类型、采集频率、归档需求等内容。

（1）数据来源

与其他各个级别的数字孪生相比，设备级数字孪生在物理系统中采集的数据信息大多来源于几何参数、工作状态、环境条件等，如表 4-6 所示。

表 4-6　数据来源

数据来源	具体内容
几何参数	主要包括来源于设计环节的公差、密度、硬度、材料特性、关键尺寸、表面粗糙度和零件装配关系等基本参数
工作状态	主要包括传感器在机械设备工作过程中采集的电压、电流、压力、扭矩、加速度和位移速度等能够在一定程度上反映物理系统的工作状态变化情况的数据信息
环境条件	主要包括环境温度、大气压力、湿度水平等各项能够影响物理系统的动态响应情况的因素

（2）传感器技术

传感器具有信息采集功能，能够广泛采集物理环境中的各类信息，并将这些信息实时上传到虚拟系统中，以便在虚拟空间中构建设备级数字孪生体，并推动设备级数字孪生体实现数据互联。

传感器的测量精度直接关联着数字孪生的性能，因此相关工作人员在设计设备级数字孪生时需要在综合考虑传感器类型、传感器安装位置、传感器组合情况等问题的基础上充分确保整个系统中的各个传感器之间的协调配合和时间同步。

传感器在一定程度上影响着设备外观和用户体验，而且在构建设备级数字孪生体的过程中增加传感器数量会导致产品开发成本和产品制造成本升高，因此产品设计人员在设计和开发产品的过程中需要对各个方面的各项相关因素进行综合考虑。

现阶段，大多数设备级数字孪生体都会使用电流传感器测量功率，使用加速度传感器测量振动情况，使用测力计和声发射传感器来测量力，同时，这些传感器也是设备级数字孪生中最常见的几种传感器。

（3）物联网

物联网是设备数字孪生实现互联互通的网络支撑。具体来说，物联网能够通过网络为数字孪生提供数据采集和数据传输的渠道，数字孪生可以有效简化物联网系统，并利用物联网在传感和驱动方面的功能将现实世界中的物理系统精准复刻到虚拟空间当中。

与传统的物联网框架相比，新物联网框架中融合了数字孪生技术，且已经被整合为由物理系统、数字孪生体和应用三部分构成的设备级物联网框架，能够有效解决物联网和数据分析无缝集成的问题。具体来说，设备级的物联网框架中的数字孪生体如图 4-7 所示。

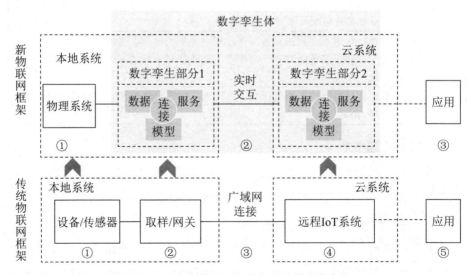

图 4-7　设备级的物联网框架中的数字孪生体

4.2.2　数据传输

数据传输就是通过网络将物理系统中的各项参数及相关数据传输到虚拟系统中，并利用电气控制、网络控制、可编程控制、嵌入式控制等方式在虚拟系统中对各项数据进行处理，进而在此基础上实现对物理系统的有效控制。

（1）通信接口协议

设备级数字孪生实现数据互联需要确保各个系统所使用的通信接口协议的一致性。一般来说，设备级数字孪生所使用的通信接口协议大多为 OPC-UA 协议、MQTT 协议、MTConnect 协议，如图 4-8 所示。

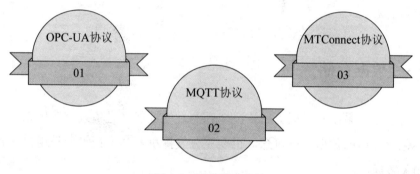

图 4-8　通信接口协议

① OPC-UA 协议是自动控制技术（OLE for Process Control，OPC）基金会所设立的最新的工业标准规范，能够同时创建多个具有服务器查询功能的客户端，并对相关数据进行解析，为物理系统和虚拟系统之间的信息通信提供支持，充分确保二者之间信息传输的实时性。

② MQTT（Message Queuing Telemetry Transport，消息队列遥测传输）协议是一种适用于低带宽、低资源需求的应用场景的传输协议，可以选择两个服务质量级别，且具有可靠性强、消息单次发送等特点，能够为物理系统和虚拟系统实时自动传输数据提供支持。

③ MTConnect 协议是一项具有高扩展度信息模型的数据交换标准协议，能够在互联网协议的支持下利用网络进行数据采集、数据传输和数据存储，同时也能够减少数据采集成本，并最大限度地降低通信时延。

（2）延迟域

设备级数字孪生的数据采集和传输在实时性和可靠性方面的要求较高。5G、光纤通道协议等高速网络的应用大幅提高了数据传输的速度和实时性，但就目前来看，信息数据传输技术在传输速率方面仍有较大的进步空间，数据丢失、数据传输速率低、控制系统故障等问题仍旧存在，实时通信质量难以得到有效保障。

当出现通信延迟现象时，设备级数字孪生可以通过构建延迟域的方式采集底层现象动态相关信息，减小通信延迟对数字孪生体造成的负面影响，并利用数据采集程序来掌握时变误差数据传输模型中的误差值，以便根据该误差值来确定误差补偿值，防止因通信延迟而对数控机床运动轴数字孪生体造成不利影响。

4.2.3　数据存储

为了根据系统的历史更新情况来预测系统性能，设备数字孪生系统既要具备包含接口的数据存储概念，也要充分发挥机器学习技术的作用来分析各项相关数据。

（1）数据存储方案

智能存储系统能够以内部存储或云端存储的方式来存储来源于数据采集系统的各项数据。

①内部存储：以内部存储的方式存储数据。存储系统通常将数据存储在设备级数字孪生的物理系统当中，具有较强的数据安全保障，但同时也存在设备采购成本高、基础设施维护所需专业知识较多等不足之处。

②云端存储：在云端存储提供商的存储基础设施中存储数据的方式就是云端存储，这种存储方式具有成本低、灵活度高等诸多优势，且能够高效集成数据分析和机器学习解决方案，并充分确保方案的可行性。数据库技术是实现云端数据存储的重要技术，但传统的数据库技术难以有效解决多源数字孪生数据的数量增长和异构性提高带来的各类问题，也无法与数字孪生数据充分匹配。

（2）区块链

从本质上来看，区块链是一个能够记录和共享已执行的数字事件的分布式数据库，具有分布式、非中介化、不可篡改、信息真实可靠等特点，能够提高制造服务协议中的数据的同步性，并通过数据加密的方式来保障数据安全，以点对点的方式来进行数据共享。区块链中包含智能合约技术，可以在数据共享的过程中确保数据的安全性，避免出现错误数据和受损数据，防止因数据安全问题影响决策。

4.2.4　数据处理

数据处理是开发设备级数字孪生的重要支撑。具体来说，数据处理就是在物理系统中广泛采集大量完整度低、非结构化、有噪声、模糊、随机的原始数据，并通过对这些数据进行高效处理以获取有价值的信息。

（1）数据准备

一般来说，传感器等设备所采集的数据信息大多为存在信号噪声和漂移的原始数据，可能会出现数据丢失等问题。为了助力工业设备数字孪生实现数据互联，工业设备数字孪生系统需要通过数据去噪、数据平滑、重新格式化等方式来去除冗余数据、无关数据、误导数据、重复数据和不一致数据。

在实际操作过程中，工业设备数字孪生系统需要利用低通滤波器以补偿漂移的方式来过滤掉信号噪声，防止因漂移频率与负载频率重合所导致的无法有效去除信号噪声的问题。与此同时，对原始数据的平滑处理也能够有效防止出现由工频信号、周期干扰信号、随机干扰信号等噪声信号造成的信号波形毛刺，降低各类干扰信号的影响。

（2）特征提取

为了减少需收集的原始数据的维数，强化数字孪生相关机器学习模型的性能，工业设备数字孪生系统需要从时域、频域和时频域三个维度提取数据特征，简化计算，防止出现计算机学习算法的"维数诅咒"问题。

（3）数据融合

设备级数字孪生体中具有多种类型的传感器和模型，能够广泛采集不同来源、不同格式、不同时间尺度的数据，因此工业设备数字孪生系统需要通过数据融合的方式来融合、关联和集成各项动态的多元异构数据，提高数据的检测效率和可信度。

①数据级别：对于可加的传感器数据，工业设备数字孪生系统可以利用经典推理、卡尔曼滤波、加权平均法等估计方法直接进行数据融合。

②特征级别：工业设备数字孪生系统可以根据数据的特征向量来进行数据融合。

③决策级别：工业设备数字孪生系统可以分析各项来源于传感器的数据，在决策层处理故障数据、维修数据等相关数据信息，以便融合和支持各项决策。

4.3 基于数字孪生的设备 PHM 系统 〉

4.3.1 工业设备 PHM 的技术方法

近年来，信息技术和工业技术飞速发展，石油、化工、电力和汽车等工业领域的各个行业所使用的各类装备的复杂度、集成化程度和智能化程度越来越高，导致企业在装备的设计、制造、测试和运行维护等生命周期各环节中所花费的成本不断升高。

不仅如此，装备复杂度的提高也进一步加大了出现故障性能退化和功能失效等问题的概率，因此工业领域不断加大对复杂装备的状态评估和预测的研究力度，并通过故障预测和健康管理（Prognostics and Health Management，PHM）的方式提高装备运行的可靠性和经济性。具体来说，PHM 是一种由故障预测和健康管理两部分构成的复杂设备管理技术：

- **故障预测**：从系统的现状和历史性能状态出发对部件或系统的剩余使用寿命、正常工作时长等功能状态进行预测；
- **健康管理**：针对诊断预测信息、可用维修资源和装备使用要求等相关信息进行维修决策。

PHM 的流程通常由数据预处理、数据传输、特征提取、状态监测、故障诊断、故障预测和保障决策等多个环节构成。具体来说，故障预测与健康管理流程如图 4-9 所示。

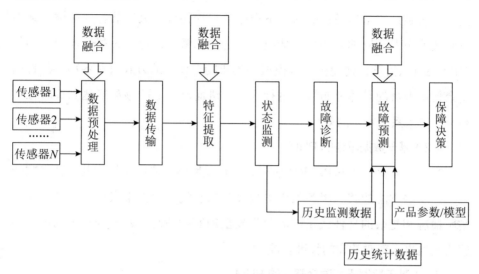

图 4-9 故障预测与健康管理流程

一般来说，PHM 系统需要具备故障检测、故障诊断、故障隔离、故障预测、健康管理和寿命追踪等多种故障预测和健康管理相关功能，并充分发挥各类智能算法和推理模型的作用，利用传感器信息、专家知识、维修保障信息等信息资源对各类装备的运行状态进行监测、预测、判断和管理，提高任务规划和设备状态维护的智能化程度，以便根据实际装备和系统进行多层次、多级别、综合性的故障预测和健康管理。

传统的 PHM 大致可分为三种类型，分别是基于模型驱动的 PHM、基于数据驱动的 PHM 和基于数据模型混合驱动的 PHM，如图 4-10 所示。

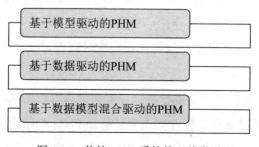

图 4-10 传统 PHM 系统的三种类型

（1）基于模型驱动的 PHM

基于模型驱动的 PHM 能够在技术层面为工业设备数字孪生系统掌握被预测组件和系统的故障模式过程提供支持，同时可以在已知对象系统的数学模型且明确系统工作条件的前提下根据功能损伤程度来评估各项关键零部件在有效使用寿命周期内的损耗情况和故障累积效应。此外，基于模型驱动的 PHM 还可以借助构建随机过程模型并集成物理模型的方式来对各项零部件的剩余使用寿命的具体分布情况进行评估，进而确保故障预测能达到实时性强和深入对象系统本质的效果。

（2）基于数据驱动的 PHM

基于数据驱动的 PHM 主要包括人工神经网络、模糊系统和其他计算智能方法，这些方法能够利用各项历史故障数据和统计数据集来掌握预测模型的实际情况和复杂的部件或系统的数学模型的实际情况，并充分利用测试或传感器数据来实现对故障的精准预测。

（3）基于数据模型混合驱动的 PHM

基于数据模型混合驱动的 PHM 主要包括以下四种类型，如表 4-7 所示。

表 4-7　基于数据模型混合驱动的 PHM 的四种类型

序号	主要类型
1	根据测量数据直接联系起系统模型和健康状态，明确二者之间的关系
2	深入挖掘测试数据，并识别和利用系统机理模型，在无须对模型驱动的建模过程进行分析的情况下进行分析预测管理
3	以数据驱动的方式分析和预测模型驱动下的各项测试数据，提高测试数据的可用性
4	综合利用数据驱动和模型驱动两种方式来进行预测和融合分析

以上各项故障预测和健康管理方法均存在一定的局限性，大多面临对专家系统规则库的依赖性较强、对历史数据的需求量较大、对系统特征的有效表示的要求较高、静态数学模型优化难度大等问题，而数字孪生技术的应用能够有效缓解这些问题。

数据是 PHM 对各项设备进行故障预测和健康管理的基础，模型、大数据分析技术、物理基础条件、行业知识和经验是 PHM 判断设备健康状况的重要支撑。工业设备数字孪生系统可以利用数字孪生技术来根据物理实体构建高保真模型，并实时采集和分析各项相关数据，以智能化的方式推动模型与数据融合，在数字化模型中实时呈现物理实体的性能、状态、预测趋势和故障诊断等信息，以便充分满足整个生命周期中所有环节的相关需求，实现对各项装备的故障预测和健康管理。

4.3.2　数字孪生驱动的 PHM 应用

数字孪生驱动的 PHM 可以充分发挥数据的作用，并对物理装备和虚拟装备进行同步映射和实时交互，同时提高 PHM 服务的精准度，构建全新的装备运行状况管理模型，以便利用该模型来快速找出故障位置和故障原因，及时制定行之有效的验证维护方案。

虚拟装备能够充分确保自身与孪生数据驱动的物理装备之间运行的同步性，并在此基础上生成装备评估、故障预测、维护验证等多种类型的相关数据信息，通过数据智能化的方式优化机理模型构建过程，同时为数据采集、数据分析和模型构建等工作提供支持。

数字孪生模型驱动的 PHM 可以在虚实融合的基础上利用物理系统运行过程数据动态更新模型运行现状，以便及时精准预测和评估装备的健康状态、剩余使用寿命和整体功能。

（1）高保真建模技术

高保真建模技术是数字孪生技术落地应用的重要技术支撑，大致可分为概念模型和模型实现方法两项内容。

具体来说，概念模型中融合了以模型融合为基础的数字孪生建模方法、自动模型生成和在线仿真的数字孪生建模方法、数字孪生五维模型建模方法等多种建模方法，涉及物理实体、虚拟实体、孪生数据、服务组成和连接等诸多内容，且具有普适性的特点，能够从宏观上对数字孪生系统架构进行描述。模型实现方法指的是针对数字孪生模型的实际应用研发建模语言和模型开发工具，并在此基础上提高相关技术和工具的多样性。

现阶段，SysML、UML、XML、AutomationML 等数字孪生建模语言都是较为常用的建模工具。除此之外，CAD 等通用建模工具和 FlexSim、Qfsm

等专用建模工具也在模型开发方面发挥着十分重要的作用。一般来说，数字孪生模型应充分确保各项静态参数、动态参数和参数关联关系的精准度以及物理实体的共生程度，并在各项应用功能完备的前提下对模型进行简化，确保模型的轻量化和高效性程度。

（2）传感与物联技术

物联网是一种可以利用互联网根据约定的协议连接大量物品的网络，具有智能化的识别、跟踪、定位、监控和管理等功能，能够在网络层面为各项联网物品之间的信息交互提供支持。

工业设备数字孪生体系可以借助物联网来为虚拟装备和物理装备之间的信息交互提供支持，并利用传感器、定位系统和监测设备等多种技术手段和工具来掌握各项物理装备实体的实时运行状态，利用 5G、光纤等信息传输工具来向数据模型和机理模型传输数据信息，以便构建模型对装备进行分析，进而根据分析结果对装备进行有效的故障预测和健康管理。

（3）高效融合分析技术

工业设备数字孪生系统可以利用多源异构数据的数据融合技术来确保数据和决策的安全性、可靠性和全面性，利用专家系统、深度学习和支持向量机（Support Vector Machine，SVM）等模式识别工具来打造虚实数据印证驱动的故障识别方法，利用大量数据资源构建健康评估模型和决策模型，以便充分发挥装备数字孪生数据的作用，实现对装备的健康管理。

数字孪生驱动的 PHM 具有直观性强、自主性强和可信度高等优势，能够提高各类基于数字孪生的设备的安全性和可靠性。但由于目前数字孪生技术的成熟度较低，在故障预测、健康管理等方面的应用还不够完善，因此相关工作人员需要加强对数字孪生技术在装备 PHM 领域应用的研究，提高数字孪生技术在故障定位、虚实交互、故障机理研究、故障特征归纳、知识库构建、健康管理方式研究等方面的应用水平，推动 PHM 服务实现自组织、自学习和自优化。

4.3.3　基于数字孪生模型的故障诊断预测

在工业领域的产品生产线上，随时可能出现信息、产品结构、多工艺工位等方面的问题，因此数字孪生预测模型需要提升自身的可视化程度，以便实时展现生产线上各项设备的运行状态和工作参数，为相关工作人员了解设备的实际运行状态、定位设备故障、改进生产计划和优化资源分配提供方便。

（1）模型驱动的数字孪生体初始模型构建

设备数字孪生系统可以在数字空间中构建同一物理实体的物理模型、性能模型和局部线性化模型等多种不同尺度、不同时间、不同精度的数字孪生模型，从设备的驱动原理入手，充分发挥模型驱动方法的作用，对设备的内部结构、实时状态和控制系统进行全方位呈现。

数字孪生模型之间存在递进的关系。一方面，设备数字孪生系统在根据物理实体构建出几何模型后可以利用多领域综合建模技术来确保物理模型的逼真度，但同时逼真度的上升也会带来细节数据和迭代周期的增长，检测和诊断的意义将会随之淡化；另一方面，设备数字孪生系统可以通过缩放模型维度的方式来确保部件特性的准确性，构建低维性能模型。

从映射层面来看，模型与设备在各个方面均具有较强的同步性，能够在设备状态监测和故障诊断中发挥重要作用，不仅如此，基于低维度性能数字孪生模型运行状态的局部线性模型也能够为实现进一步优化控制提供支持。

（2）模型驱动与数据驱动融合的数字孪生模型构建

模型驱动与数据驱动融合的数字孪生初始模型能够打通物理空间和数字空间之间的数据传输通道，构建能够同步反映物理实体现状的运维数字孪生模型，并融合大量来源于物理空间的数据，强化数字孪生模型的行为特征，进而针对设备构建运维数字模型。

- 将性能模型与来源于设备的实时数据融合，并构建出一个能够及时适应运行环境和设备性能变化的自适应模型，同时实现对设备局部状态和整体性能的有效监测；
- 在设备的物理模型和性能模型中融入包含历史维修数据的故障模式，并在此基础上构建具有故障诊断和维护功能的数字孪生故障模型；
- 将历史数据融入性能模型当中，并借助数据来构建数字孪生性能预测模型，从而实现对设备性能的评价和对设备使用寿命的预测；
- 将运行环境引入局部线性模型当中构建数字孪生控制优化模型，并利用该模型来描述具有多种行为属性的数字孪生模型，以便监测诊断和优化设备的各项性能。

在故障诊断环节，设备数字孪生模型可以通过分析处理同一批设备的故障和维护数据的方式来建立故障模式，并将该故障模式融入数字孪生初始模型当中；在设备运行环节，设备数字孪生模型可以实时对比设备的数字孪生体数据和物理实体数据，找出类似的故障模式，以便有效预测设备故障。具体来说，设备故障可分为振动故障、润滑故障等多种类型，涉及速度、振动、温度等多项设备运行参数。当数字孪生模型实时监测到设备的某项参数的变动超出设定范围时，可以综合使用测量数据和故障模式来完成设备故障诊断工作。

设备数字孪生模型可以通过融合基准模型的方式来记录下同一个型号设备的历史运行数据，实现性能预测。从实际操作方面来看，设备数字孪生系统可以通过综合利用传感器实时数据和历史运行数据的方式来预测设备性能，明确设备性能的实际下降速度，并充分发挥物理实体的各项故障数据的作用，通过评估参数选择、样本建立、指标设定和性能预测的方式构建数字孪生预测模型，以便对物理实体设备的性能进行精准评估和预测，为设备故障诊断和故障维修工作提供支持。

模型驱动和数据驱动融合的数字孪生模型既能利用模型驱动方法构建数字孪生初始模型，也能在此基础上综合运用设备运行的历史数据和实时数据来构建设备数字孪生模型，实现对设备运行情况的精准检测、故障诊断和性能优化。

（3）数字孪生模型下的设备故障预测实现步骤

从实际操作步骤上来看，利用数字孪生模型来预测设备故障主要需要完成搭建仪器设备、采集和处理数据、建立并融合模型、融合数据和故障预测五项工作，如图4-11所示。

①搭建仪器设备。数字孪生模型在设备管理中的应用提高了各项仪器设备的可视化程度，为相关工作人员远程查看设备信息、掌握设备运行状态并制定设备故障诊断方案提供了方便。

②采集和处理数据。基于数字孪生模型的设备故障预测可以在明确数据通信标准和数据转换标准的前提下采集多源异构数据，统一转换、封装、集

成和融合来源于各个通信接口的数据，充分确保数字孪生模型能够实时迭代优化。

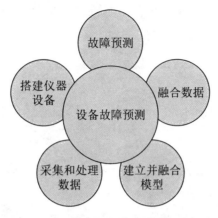

图 4-11　基于数字孪生模型下设备故障预测

　　③建立并融合模型。设备数字孪生系统需要根据物理实体设备的几何、物理、行为和规则等各个维度的信息数据构建数字孪生模型，并在二者之间建立联系，充分确保映射的精准度，同时在设备的结构和功能层面利用各层模型之间的联系进行融合，以三维可视化的形式呈现模型和虚拟仿真。

　　④融合数据。设备数字孪生系统应对物理实体设备的各项实时数据进行清洗，完成去噪和建模工作，并根据数据类型分析数据处理结果，进一步迭代、演化和融合设备的物理实体数据和虚拟模型数据，以便利用虚拟实体来全方位展现物理实体的各项要素在各个环节中的运行状态。

　　⑤故障预测。在数字孪生模型的支持下，设备的物理实体和虚拟数字孪生体能够进行实时映射，助力设备实现虚实交互，以便为设备故障预测工作提供强有力的支撑。

　　在基于数字孪生模型的故障诊断预测中，物理实体设备可以在数字孪生系统中实时上传各项状态数据，提高数字孪生体与物理实体在运行状态方面的一致性，并不断产生大量新的故障预测数据、维修决策数据等相关数据。与此同时，设备数字孪生系统也可以将新的实时数据和已有的孪生数据进行融合，以便服务系统对设备的实际运行状态进行精准评估，从而进一步提高故障预测的及时性、故障定位的准确性和维修方案的合理性。

05

第5章
生产线数字孪生

5.1 基于数字孪生的智能生产线》

5.1.1 生产线数字孪生系统优势

生产线数字孪生系统是指通过将实际生产线上的各个环节、设备和产品等信息进行数字化建模和仿真，以实现对实际生产过程的精密监控和优化管理的一种技术系统。它基于传感器、物联网、大数据分析等技术，对实际生产线上的各种数据进行实时采集、传输和处理，并基于此在虚拟环境中进行仿真和优化，从而实现对实际生产过程的全面监控和精细管理。

（1）生产线数字孪生系统的构成

生产线数字孪生系统主要由四部分组成，如表 5-1 所示。

表 5-1　生产线数字孪生系统构成

系统构成	具体内容
物理生产线	即实际生产现场，是生产线客观存在的实体集合，包括设备资源、物料资源等，主要负责执行生产活动
虚拟生产线	即物理生产线的镜像，需要进行实时监控、预测及调控，对生产计划和生产活动进行仿真、评估和优化等
生产线服务系统	接收生产数据并利用这些数据为生产线的数字化管理提供支持和服务
生产线孪生数据	包含了物理生产线、虚拟生产线和生产线服务系统相关的数据，以及三者交互融合后衍生的数据

（2）生产线数字孪生系统的优势

生产线数字孪生系统是近年来兴起的一种先进的工业技术，它通过对实际生产过程的各个环节进行数字化变革，以虚拟的方式模拟和监控整个生产线，为企业提供了一种全新的管理手段。这一系统的优势在于能够实现生产过程的高度可视化、高效率和高质量，提升企业的竞争力，如图 5-1 所示。

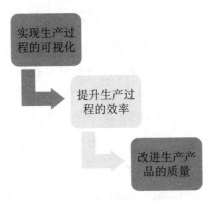

图 5-1　生产线数字孪生系统的优势

①实现生产过程的可视化。传统的生产线监控往往依赖于人工观察和数据记录，而数字孪生系统能够将各个节点的数据进行实时反馈，组成一个全方位的图像化展示，使得生产过程一目了然。不仅如此，数字孪生系统还可以通过数据分析和算法模型，对生产过程进行跟踪和预测，帮助企业实现生产过程的智能化控制和优化。

②提升生产过程的效率。借助数字化手段，企业可以实现生产过程的实时监控和远程管理，无需人工操作即可对生产线进行调整和优化。同时，数字孪生系统还可以对生产过程中出现的问题进行快速诊断和处理，减少出现生产线停机等待和资源浪费的情况。这使得企业能够更加高效地生产产品，提高生产效率，降低生产成本。

③改进生产产品的质量。数字孪生系统能够通过对生产数据的分析识别和解决生产过程中的质量问题，提供实时的监测和预警数据。同时，数字孪生系统还可以模拟不同生产场景下的效果，通过仿真实验来优化生产工艺和产品设计，减少生产过程中的缺陷和损耗。因此，数字孪生系统能够帮助企业提高产品质量，增强用户满意度，提升品牌形象。

5.1.2　智能化生产系统规划设计

数字孪生技术可应用于智能生产系统的设计、建设和运营管理当中，推动工业生产快速向智能化方向发展。生产制造系统的整个生命周期主要由设计、构建、调试、运营、维护、报废和回收等多个环节构成，而智能生产系统可分为智能车间、智能工厂等多种类型，能够为一种或一类产品的生产制造提供支持。由此可见，工业领域的企业在设计和构建生产系统时既要满足工艺要求，也要确保生产系统符合空间约束、投资约束和生产周期约束等条件。

生产系统规划设计的协同优化指的是生产系统对产品工艺设计起到一定的约束作用，但同时产品工艺要求也能够为生产系统的设计提供指导。与传统的生产系统设计和构建方式相比，基于数字孪生技术的生产系统规划设计能够有效解决因产品工艺和生产系统设计方案变化造成的项目同步率低和返工等问题，并为企业提供最佳工艺设计方案。

此前，工业领域的各个企业大多通过建立并使用数字化工厂的方式来解决产品设计和工厂设计的协同问题。企业可以利用虚拟化的工厂模型分析产品的可制造性，并根据加工需求和产品数字模型来进一步优化工厂设计方案。数字孪生技术在生产系统规划设计的过程中，能够通过实时数据引入的方式提高数字化工厂在工厂布局规划、工艺规划和生产物流优化方面的高效性和准确性。

（1）基于数字孪生的生产布局规划

传统的依托于二维图纸或静态模型的生产布局规划方式存在许多不足之处，而以数字孪生技术为基础的生产布局规划则能够为企业带来巨大的价值，如表5-2所示。

表5-2 基于数字孪生的生产布局规划的价值

序号	主要优势
1	车间模型中包含机械、自动化、资源和车间人员等所有细节信息，且与产品设计高度协同
2	支持企业构建专用模型库，进而帮助企业大幅提高车间规划设计效率
3	为企业维护和重构生产系统提供方便，并支持实际车间与虚拟车间之间数据的实时更新
4	为企业开展虚拟试验仿真活动提供支持，助力车间更新迭代

（2）工艺规划和生产过程仿真

工厂数字孪生体中包含了大量数据和模型，企业可以借助工厂数字孪生体验证工艺设计方案，并利用仿真模拟等方式来优化加工过程、系统规划和生产设备设计，以便减少在这些工作中所花费的时间成本。具体来说，数字孪生在工艺规划和生产过程仿真中的应用如表 5-3 所示。

表 5-3　数字孪生在工艺规划和生产过程仿真中的应用

应用场景	具体内容
制造过程	企业可以利用工厂数字孪生体来构建制造过程模型，并精准描述相关产品的生产方式
生产设施	企业可以利用工厂数字孪生体来构建生产设施模型，并以数字化的方式展示产品生产线和装配线中的各项生产设施
生产设施自动化	企业可以利用工厂数字孪生体来构建生产设施自动化模型，并描述数据采集与监视控制系统、可编程逻辑控制器和人机界面等自动化系统对产品生产系统的支持方式

数字孪生能够在技术层面支持生产系统进行虚拟仿真、验证和优化。具体来说，企业可以充分发挥工厂数字孪生模型的作用，实现对产品生产线、自动化系统、关键零部件工艺和子配件工艺等产品制造过程中的所有内容的验证。

基于数字孪生的过程仿真实现了机器人运动仿真与编程、人因工程❶分析和装配过程仿真等多种功能，可以对产品制造过程进行单元级仿真。而基于数字孪生的 VR、AR 和 MR 技术也能够将物理空间中的仿真分析过程和虚拟空间中的仿真分析过程相融合，提高分析的精准度和直观性。

（3）生产物流规划优化

生产物流规划是企业确保自身正常、高效、低成本生产的重要手段，通常包括对工厂、车间等企业内部物流和对供应链等企业外部物流的合理规划。传统的物流规划通常在离线状态下进行，无法及时适应运行过程中的实时状态变化和物理世界中的实际环境，因此也难以为实际物流运行提供有效的指导。

企业可以借助工厂数字孪生体和数字孪生体模型对物流方案中的物流设施配置、物流路线设计、物流节拍、生产节拍等内容进行优化升级，并提高

---

❶　人因工程：将人的心理和生理原理应用于产品、过程和系统的工程和设计。

物流节拍和生产节拍之间的协同性，同时也要根据物理实体的运行情况不断完善各相关数字孪生体的运作模型，充分确保使用虚拟模型进行物流优化的可行性和可信度。

5.1.3　数字孪生与智能生产管控

智能生产管控与数字孪生在场景、技术内涵等方面都具有统一性。其中，从技术内涵层面来看，数字孪生系统具有"采集物理实体状态—数字虚体分析辅助合理决策—物理实体精准执行"的循环链路结构，其中，闭环性与实时性是该执行链路的基本特征，这与智能生产管控的流程要求是一致的。因此，基于数字孪生的智能生产管控主要具有如图 5-2 所示的作用。

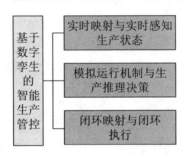

图 5-2　基于数字孪生的智能生产管控的作用

（1）实时映射与实时感知生产状态

数字孪生主要涉及数字世界对物理世界的高还原仿真映射，该过程中数字虚体与物理实体通过实时数据采集与分析反馈实现孪生协调，这种协调作用是双向的。在数字孪生语境下，物理实体即是指整个生产系统，包括现实生产场景中的产线配置、工艺设备装配机器运行组织模式等，数字虚体随着物理实体的变化而变化，而数字虚体也能够作用于物理实体。

虚实映射是数字孪生的基本原则之一，其基本含义即数字虚体是对物理实体的数字化表征，在数字空间中映射的要素包括生产系统运行状态、工艺执行过程、资源配置情况及内在机理等。由于生产系统是在不断运行推进的，因此映射物理对象的数字孪生系统也会随着时间推进而逐步改变，在智能生产系统中，数字孪生仿真虚体只有满足实时性要求，才能发挥其根本效用——

为生产管理提供科学的分析、判断、决策方案。

同时，数字孪生的实时性内涵突破了传统模拟系统"虚而不拟、仿而不真"的局限，依托于互联网、物联网或先进的传感技术，智能生产系统能够实时采集生产状态数据，并以时间为基轴根据物理实体的变化情况同步更新数据，解决了原先存在的数据推理分析结果滞后的问题，从而具备了在智能生产管控领域推广应用的条件。

（2）模拟运行机制与生产推理决策

数字孪生的关键作用并非将物理实体状态以数字化的形式呈现出来，而是在此基础上对其内在运行机制或机理进行仿真映射。就生产系统来说，可以基于实时获取的物理实体的数据信息，结合工艺过程机理和运行组织知识构建数字孪生模型。

生产系统的高效运行得益于对相关机理规律的合理运用，促进其运用的合理性、提升生产系统性能，正是数字孪生系统、数字虚体的建设目标。其侧重点主要包括两个方面：

①日趋复杂的生产场景和交互需求，是不断优化制造资源配置的重要驱动力，智能化感知与推理决策是实现复杂生产状态的重要条件。其中，智能态势感知是自动判断决策的基础，可以促进生产线及设备有序运行，与传统仿真技术联系紧密；而智能推理决策需要根据所感知到的实时状态决定后续执行动作，这一过程也是决策资源合理配置的过程，核心任务是对生产系统进行纠偏或优化。

②复杂动态状态驱动下的生产过程实时监测，是生产系统运行效率和产品质量的重要保障，是决定生产企业竞争优势的重要因素。具体内涵包括以下两方面：

- 工艺执行过程的监视，通常所构建的内在工艺机理模型包含了机床、工件、刀具及其工艺过程知识经验等要素，能够判断当前执行状态是否正确并反馈预警；
- 工艺执行过程的控制，即在工艺机理模型的基础上，结合当前执行状态信息进行智能分析，通过推理决策获得最优改进方案，进而对工艺执行参数进行修正、调整。

（3）闭环映射与闭环执行

由虚向实的孪生闭环映射主要来自数字虚体的推理决策方案作用于实际物理对象的过程，也是数字孪生模型或系统的价值得到转化的重要环节。

从生产系统的性能来看，其智能化程度的表现之一就是能否在集成生产软硬件系统的环节实现闭环执行。传统的对生产系统的仿真建模，侧重点在于对生产条件、产线、设备等物理对象实时状态的仿真与监测，数据信息主要是从物理对象到虚拟系统的单向传递，不具备孪生闭环映射的特征。这种侧重监测的应用模式无法使仿真推理模型的应用价值得到真正发挥，而数字孪生技术与智能生产管控的结合，能够在监测基础上实现对物理实体的有效控制。

通过数字虚体智能分析计算产生的决策方案（包括工艺参数的调整纠偏和配置运行的优化）通常以控制指令的形式下发到对应的物理实体控制系统，并驱动执行。目前，随着柔性自动控制技术的发展，这些已经具备一定的实现条件。

上述的生产闭环，实际上与智能制造的主导思想——CPS（Cyber Physical Systems，赛博物理系统）理念是一脉相承的。这种运行模式类似于通过数字虚体赋予生产系统一个能够自动控制生产的大脑，从而实现数字孪生或智能生产管控从单一监测到"监测—控制"的演进，同时也是生产智能化发展的重要驱动力。

5.1.4 智能生产管控的具体应用

一般来说，不同生产领域制造企业的生产系统有着较大差异，因此其不仅对应的智能管控需求有差别，数字孪生技术的应用侧重点也有所不同。下文将以离散型加工制造业为例，对数字孪生技术在该领域生产管控的应用情况进行简要介绍。

（1）资源配置与管理决策

数字孪生技术可以在智能化的制造资源配置与管理决策方面发挥重要作用，工业软件领域的 APS（Advanced Planning and Scheduling，高级计划与排程）是其应用的具体体现。APS 的核心功能是根据既有算法规则和知识经验，并结合生产系统运行状态，构建科学的智能算法模型，以辅助评估、优化制造资源配置情况。APS 的典型应用场景主要如下。

①交货期答复决策分析。一般来说，客户订单信息中均有明确的交货期要求，因此，在协调企业产能和生产计划的基础上进行快速答复，是生产企业需要具备的服务能力之一，在决策分析过程中需要注意以下事项，如表 5-4 所示。

表 5-4　交货期答复决策分析的注意事项

序号	注意事项
1	应该综合当前产线运行状态、后续排产计划等因素进行决策分析，如果有富余产能，可以制定备用方案以应对突发情况
2	针对优先级较高的客户订单，可以将其生产需求插入既有生产计划中，但需要充分考虑现有排产计划延后的风险和对当前在制订单交货期的影响等，尽可能避免风险
3	根据对新订单交货期的侧重，可能需要为现有生产任务安排外部协助，这也是决策需要解决的问题
4	要重视产能评估，如果产能评估出现问题，则会影响分批优化、资源配置、单元化运行等方面决策的制定，因此对产能的评估需要尽可能符合实际情况
5	作业计划与物料计划、人员排班、瓶颈设备使用等要素的协调，也是交货期答复决策需要注意的问题

②确保交货期决策分析。确保交货期决策分析主要针对大规模个性化定制生产订单或交货周期较短的订单，具体如表 5-5 所示。

表 5-5　确保交货期决策分析的主要内容

序号	主要内容
1	针对一些小批量定制化的订单需求，可以安排组批生产，以减少不必要的产线切换，以有限的生产成本达到效率最优化，确保产品按期交付
2	对工序、订单进行合理分割、组合，对不同工序间的衔接方式进行优化，对不同环节批次进行整合，以缩短订单生产周期
3	使物料采购计划与作业计划相协调，保证生产所需物料的供应

③快速响应调整决策分析。快速响应调整决策分析是在掌握实时生产动态的基础上进行的，即基于当前任务执行情况、生产资源使用情况等信息，对作业计划进行动态调整，使其与实际生产任务执行状态保持一致，并在生

产过程中发挥指导作用。其中，需要快速响应、分析、决策的要素包括任务计划、物料资源调配、生产工艺调整等。

（2）自适应智能加工工艺决策

自适应智能加工的完成度，是数字孪生技术在智能生产领域是否得到有效应用的重要体现，其核心在于数字虚体的构建，通过一定的工艺机理模型并结合智能化的数据采集、分析、处理能力，实现对加工工艺参数的调整决策。数字孪生技术的智能化辅助作用主要体现在以下方面，如图 5-3 所示。

图 5-3　数字孪生技术的智能化辅助作用

①在线测量：运用不同类型的测量头对复杂零件进行测量，获取其尺寸等典型特征数据（通称为点云数据）；对这些数据进行记录、整合、共享，为分析决策提供依据。

②补偿分析：对所获得的点云数据进行处理，以此构建映射物理对象或实际加工状态的三维模型；对比高度仿真的三维模型与理论模型，获取关于点、面等物理对象特征的偏差数据；根据现有加工条件和零件（尤其是复杂结构薄壁零件）尺寸、零件加工精度要求之间的关联关系，计算获得的加工补偿数据，以指导实际生产活动。

③程序调整：将补偿数据作为数控程序模型的运行参数，驱动模型自动更新。

④下发执行：新生成的带补偿设置的数控程序通过 DNC（Distributed Numerical Control，分布式数控）等程序控制方式传输到机床，从而对生产状态进行指导、调控。

⑤持续控制：通过对上述四个步骤的循环往复，可以实现依托于数字孪生技术的生产智能化管控，这在保证产品质量的同时，还有利于产线流程的优化和生产效率的提高。

5.2　基于数字孪生的 MOM 应用场景 »

5.2.1　可视化实时监控

制造运行管理（Manufacturing Operation Management，MOM）是生产过程的重要组成部分，IEC/ISO 62264 国际标准将其定义为"通过协调管理企业的人员、设备、物料和能源等资源，把原材料或零件转化为产品的系统"。具体来说，MOM 既能够对需要人、物理设备或信息系统来执行的行为进行管理，也能够对与调度、产能、产品定义、历史信息、生产装置信息和资源状况信息等各项信息相关的活动进行管理。

在传统的数字化车间中，系统检测大多通过现场看板、手持设备和触摸屏等二维可视化平台来实现，但这些平台普遍存在信息和运行过程展示不全面、可视化程度不高等不足之处。以机理模型和数据驱动为基础的数字孪生车间具有保真度高和拟实性高的特点，同时 VR、AR 和 MR 等技术的应用也有助于企业构建出可视化程度更高的三维模型，从而以更加直观的方式全方位向用户展示车间对生产、设备、人员、能源、产品质量和安防信息等内容的管理情况。与组态软件相比，数字孪生车间相当于三维版的组态软件，不仅可用于流程行业，还能够在对离散制造行业的可视化实时监控中发挥重要作用。

传统的组态软件大多用于向用户展示来源于传感器的数据，而数字孪生模型中还包含了许多系统运行的隐含状态数据，能够以更直观的方式向用户展示数据的统计分析结果和智能计算结果，为用户了解当前的生产情况提供方便。此外，移动互联网技术与数字孪生模型的融合应用进一步丰富了实时监控显示终端的类型，用户可以通过计算机、大屏幕、手机和平板电脑等多种设备进行观看。

5.2.2　智能化生产调度

在传统的生产制造模式下，工作人员要参照当前的生产要求和生产资源等情况来制订和调整生产计划。从实际操作上来看，当生产车间中不具备数据采集系统、数据传输系统和数据分析系统时，相关工作人员将难以有效分析生产计划落地过程中的各项实时状态数据，也无法了解车间的即时生产状态，因此车间中的生产管控会存在数据支撑不足的问题，不利于相关工作人员及时发现问题，同时也会影响其设计和完善资源调度计划和生产规划策略，从而出现车间生产效率降低等问题。

以数字孪生技术为主要驱动力的生产调度能够在全要素的基础上实现高精度的虚实映射，根据各项车间数据来制订生产计划，并对生产计划进行仿真和实时优化，从而提高生产计划的准确性和可行性。具体来说，以数字孪生技术为主要驱动力的生产调度主要包括以下几项内容，如表5-6所示。

表5-6　基于数字孪生的智能化生产调度

生产调度	应用场景
制订初始生产计划	根据车间的生产资源现状和生产调度模型来制订和传输初步生产计划，为虚拟车间及时对初步生产计划进行仿真验证提供方便
优化生产计划	虚拟车间可以在对初步生产计划进行仿真时通过添加干扰因素的方式来检测生产计划的抗干扰性，并利用生产调度模型以及相关数据和算法来优化生产计划，不断对生产计划进行仿真迭代，进而得到可在车间中落地应用的生产计划
实时优化生产过程	对比实时生产状态数据和仿真过程数据，并根据对比结果来分析各项历史数据和实时数据，利用相关算法模型进行预测和诊断，找出影响生产的干扰因素，并对生产计划进行在线实时优化

5.2.3　生产装配辅助

近年来，用户的要求日渐多样化，产品设计方案的复杂性也随之提升。因此企业在设计和生产产品时需要对生产过程中的各项参数进行优化，提高工艺参数控制水平，掌握各类新产品在生产和装配的各个环节中对工艺的要求，提升车间操作工人的能力，并借助数字孪生技术来辅助生产和装配，以便实现高效的单件生产和小批量生产，充分满足用户的个性化需求。

具体来说，数字孪生体不仅能够在确保产品定义模型一致的前提下生成便于观看和理解的产品生产需求和装配指导书，让车间中的相关操作人员能够快速掌握产品生产和装配的技巧；还能够模拟和优化生产过程参数，通过迁移学习的方式来优化新产品的加工工艺。除此之外，数字孪生体对产品质量数据的实时在线分析也有助于精准评估并及时反馈产品的生产过程和装配结果，从而助力企业提高产品合格率。

由于智能制造设备的数字孪生体中包含大量运维过程数据，企业在为同类型产品或与其类似的产品设置生产过程参数时可以将产品的运维过程数据作为参考信息，以便在数据层面支撑其进一步提高产品质量。

5.2.4 仓储物流优化

顾名思义，智能仓储数字孪生即数字孪生技术在仓储物流管理领域的应用，构建映射实体仓库的虚拟模型，可以促进数字化技术为物流管理精准赋能，实现对物流过程的智能管控和优化，从而提升物流管理效率、物流服务质量和企业的价值创造能力。具体来说，数字孪生在仓储物流优化方面的应用主要体现在以下几个方面，如图 5-4 所示。

图 5-4 数字孪生在仓储物流优化方面的应用

（1）实现对物流过程的实时监控

依托于各类传感器和物联网技术，仓储物流数字孪生系统可以有效提升对实体仓库的管控能力。数字孪生仓库模型通过实时更新各种物流数据（包括湿度、温度、货物位置定位、存储量等），实现对现实仓储物流情况的仿真，管理者可以根据模型呈现出的可视化业务运行状态进行科学决策与管理。例如，当仓储库存容量接近上限时，系统可以自动预警，并辅助人员优化物流计划。

（2）优化物流管理流程

数字孪生仓储模型可以实现对入库、分拣、出库、配送等全流程的模拟，并通过智能计算结果提供流程优化方案，以促进物流管理效率和服务质量提高。例如，在仓库内配置的传感器可以实时监测货物流向、记录库存变化，为自动分拣机器人的决策提供可靠数据，由此实现相关环节的自动化作业，促进效率提升，降低人工成本和人工操作中的失误率。同时，数字孪生模型可以深入挖掘数据信息，找到运行环节中的痛点，并提供有针对性的解决方案。

（3）提供精确的物流预测与规划

基于对数字孪生仓储模型相关数据的智能化分析，可以获得一定周期内市场物流需求的变化规律，从而对未来趋势和变化进行合理预测。这有助于企业制订物流计划，合理配置人力、运输、仓储等物流资源，降低爆仓、库存积压、缺货等风险事件的发生率。同时，数字孪生仓储模型可以辅助进行物流策略的测试验证，促进优化物流规划方案。

智能仓储数字孪生技术可以为物流管理高效化、物流流程自动化、物流规划科学化精准赋能，促进企业市场竞争力的提升。然而，在实现过程中也面临一些问题或挑战，例如：实体仓库的软硬件设施需要根据数字化需求进行更新改造，并对管理人员进行专业培训，整合烦琐流程、删减冗余流程以适应自动化转型需求等。只有使现有技术优势与实际业务场景需求深度融合，才能发挥智能仓储数字孪生技术的整合作用，驱动物流行业创新发展。

5.2.5   生产能耗精细化管理

数字孪生技术可以实现对生产能耗的精细化管理，这对于生产企业优化成本控制、促进环境友好有着积极意义。下面我们以钢铁企业的能源管控系统为例，简单分析数字孪生技术在钢铁生产能耗管理中的应用，如图5-5所示。

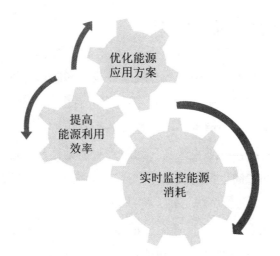

图 5-5　数字孪生技术在钢铁生产能耗管理中的应用

（1）实时监控能源消耗

智慧钢厂能源管控系统可以实时采集钢铁生产流程中的能量消耗数据，对动力、水能、热能等资源的消耗量进行实时监测，并将这些数据变化以可视化的形式呈现出来，辅助管理者进行深入分析，制定合理的决策方案。同时，物联网、云端网络的应用为实时远程监控奠定了基础，系统可以将采集到的生产数据上传到云端，云端可以与其他设备、系统进行数据交互与共享，从而为生产管理者精准把控生产情况提供有力支持。

（2）提高能源利用效率

应用能源监控系统辅助科学数据分析，可以为能源消耗的精细化管理提供条件。利用数字孪生、物联网等技术构建覆盖生产全生命周期的数字孪生模型，构建虚实融合的能源管理机制，能够使管理者准确掌控能源使用情况，并结合可靠的实时监控数据，促进生产环节优化，提高能源利用效率，在降低企业生产成本的同时还有利于企业向环境友好型发展模式转变。

（3）优化能源应用方案

融合了数字孪生技术的能源监控系统可以对生产过程各要素对能源消耗的影响进行分析预测，辅助管理人员找到可能存在能源浪费的工序或环节，并提供有效的优化方案，从而减少能源损耗，降低生产成本。

5.2.6　实时模拟与远程监控

　　人员是企业在智能车间中高效开展产品设计和制造运维等工作的关键要素。以机电产品生产车间为例，这类车间大多具有生产规模大、活动空间大、工位复杂、工序烦琐、关键生产流程危险系数高等特点，为了有效确保产品生产的安全性，企业需要重视人员行为的主观能动性和不可替代性，提高人员行为识别能力和车间生产的规范性。就目前来看，大多数车间仍旧采用摄像机和人工监控的方法来分析车间人员行为。

　　随着深度学习、计算机视觉等智能算法的应用越来越广泛、算力水平越来越高，车间人员行为识别的智能化程度也不断提高。从本质上来看，车间人员行为智能识别就是利用智能化的学习算法来自动化、多层次地提取、分类并深入分析人员行为特征，同时利用数字孪生技术来为智能车间或工厂实现人员行为智能分析提供支撑，以便企业在智能车间或智能工厂中建立"人－信息－物理系统"（human-cyber-physical system，HCPS），实现人机共融。

　　就目前来看，数字孪生技术在生产制造系统中的应用日渐广泛，许多企业开始利用虚拟调试技术在数字化的虚拟环境中进行三维生产线建设，将传感器、工业机器人、自动化设备、PLC等相关工具装配到生产线当中，并在这些工具被正式装配到生产线上之前在现场对各个数字孪生模型的机械运动、工艺仿真进行调试。

　　以德国西门子公司为例，该公司利用智能传感器来采集温度、加速度、压力、电磁场等相关数据信息，同时获取并向MindSphere平台传输数字孪生模型中的多物理场模型、电磁场仿真结果、温度场仿真结果，以对比和评估的方式检测产品的可用性和运行绩效，根据检测结果来更换产品备件。

　　除此之外，中国烟草、美的和海尔等国内企业也开始将数字孪生应用到智能工厂当中，通过实时模拟和远程监控工厂运行状态的方式来掌控工厂中产品的生产情况。

5.3 炼铁生产线数字孪生解决方案 〉〉

5.3.1 炼铁生产线数字孪生体的构建

从生产流程上来看，钢铁制造就是利用炼铁高炉将铁矿石和焦煤等原料冶炼成生铁并在此基础上进一步将生铁处理成钢材的过程。一般来说，钢铁制造流程主要由烧结、球团、炼铁、连铸、热处理、热轧、冷轧、带钢加工等多个环节组成，具有工序繁多、流程长、各环节互相耦合和生产控制难度大等特点。除此之外，钢铁制造的生产环境较为极端，所使用的设施设备的复杂度较高，且物料的物理形态变化和化学反应均存在难预知的特点，难以确保钢铁制造流程中的每个环节都能高质量安全运行，因此钢铁行业需要通过数字化转型的方式来提高各项管理和控制工作的有效性。

数字孪生技术在钢铁制造领域的应用能够有效解决以上问题。具体来说，数字孪生能够根据各项相关数据将物理空间中的钢铁制造流程全部映射到数字化的虚拟空间当中，实现数字孪生虚拟体和物理实体之间的实时交互，进而实时监测钢铁生产环节，精准控制钢铁生产过程，优化物质流和能量流的调度方案，有效管理各项设备以及产品的整个生命周期，达到提高钢铁生产质量和钢铁制造流程的安全性、稳定性的目的。

数字孪生技术在炼铁生产线中的应用可以提高整个炼铁过程的数字化程度，因此钢铁行业应针对炼铁生产线打造数字孪生体，并从数字化学习工厂、炼铁过程协同优化、炼铁过程故障诊断与设备维护以及炼铁过程自组织运行等多项工作入手，切实推进数字孪生技术与炼铁生产线的融合。炼铁生产线数字孪生系统技术架构如图 5-6 所示。

钢铁行业的企业在利用数字孪生技术构建炼铁生产线数字孪生体时需要依次完成炼铁流程/设备数字孪生体需求分析、炼铁流程/设备几何属性数字化复刻、炼铁流程/设备运行机理多时空尺度建模以及炼铁流程/设备孪生模型测试验证这四项工作，如图 5-7 所示。

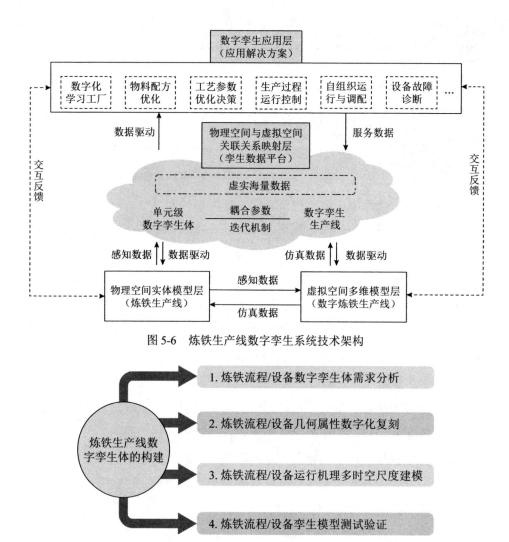

图 5-6 炼铁生产线数字孪生系统技术架构

图 5-7 炼铁生产线数字孪生体的构建

（1）炼铁流程 / 设备数字孪生体需求分析

一般来说，炼铁流程 / 设备数字孪生体需求分析工作大致可分为以下四部分：

①明确设备对象：在物料储存方面，主要有物料储存设备和物料混匀及运输设备；在烧结方面，主要有配料设备、混合设备、布料设备、烧结设备和破碎筛分设备；在造球方面，主要有脱水设备、润磨设备、造球设备和焙烧设备；在高炉炼铁方面，主要有上料设备、布料设备、鼓风设备、打孔设备、

热风设备和高炉煤气余压透平发电装置。

②了解炼铁流程 / 设备数字孪生体在整个炼铁流程中的作用。

③掌握当前炼铁流程所包含的各个环节的机理模型、可改造数据、可获取数据、新增监测数据需求等各项相关信息。

④深入分析炼铁全生命周期的数字孪生体需求并据此制定和优化数字孪生炼铁策略。

（2）炼铁流程 / 设备几何属性数字化复刻

①钢铁行业的企业应利用自身已熟练掌握的测量方法来采集炼铁流程 / 设备实体对象的几何结构、空间运动和几何关联等各项几何属性信息。

②钢铁行业的企业应深入分析已有 3D 重建和渲染优化引擎的各项功能，并据此进行决策，最大限度地确保决策的合理性和有效性。

③钢铁行业的企业应充分发挥 3D 重建工具的作用，根据炼铁流程 / 设备实体对象的空间运动规律来重新构建炼铁流程 / 设备空间集合模型，同时也要考虑到计算机资源对模型构建的限制，及时渲染优化炼铁流程 / 设备空间几何模型。

④钢铁行业的企业应对炼铁流程的各个环节中所使用的设备空间几何模型进行匹配连接，充分确保数字化复刻炼铁流程 / 设备集合属性时的准确性。

（3）炼铁流程 / 设备运行机理多时空尺度建模

在完成数字化复刻炼铁流程 / 设备几何属性工作后，钢铁行业的企业还需充分发挥流体力学、传热学、人工智能、大数据处理等知识和技术的作用，明确炼铁流程 / 设备的运行机理，并探索其运行规律，以便高效构建基于运行机理和相关数据的炼铁流程 / 设备多时空尺度模型，从时间和空间层面对炼铁流程中的各个关键工序以及主要设备运行状态和物料流通变化等进行准确且全面的描述，精准把握实际炼铁过程中的输出量和输入量之间的关系。

一般来说，炼铁生产线数字孪生体的构建大致可分为流程级、工序级和设备级三个等级。其中，流程级数字孪生体中通常包含多个工序级数字孪生体，且大多不存在单元级数字孪生体构建方面的问题；工序级数字孪生体中包含多种设备，大多具有不可解耦的特点，例如，料场的数字孪生体的生产逻辑和物理实体互相耦合，解耦反而会增加耦合参数规模；设备级大多具有单个设备建模简单、耦合性弱等特点。因此，企业在构建炼铁生产线数字孪生解决方案时需要在充分考虑物理实体层中的各项设备与其数字孪生体之间的耦合性的基础上进一步明确数字孪生体单元的粒度。

（4）炼铁流程/设备孪生模型测试验证

炼铁流程/设备孪生模型测试验证能够检测出数字孪生体是否能够用于物理系统的平行运行以及能否为钢铁生产过程提供指导。对钢铁行业的企业来说，既可以通过借助模型精度和可信度评测算法来评估炼铁流程/设备孪生模型的运行效果的方式来实现对数字孪生模型的有效验证；也可以通过借助基于各项客观检测数据和先验知识的孪生体模型评估验证平台来全面交叉测验孪生体的构建过程的方式来实现对数字孪生模型的有效验证。

5.3.2 基于 3D 交互的虚拟学习空间

数字化学习工厂是一种融合了数字孪生技术的虚拟学习空间，能够为制造业提供可用于教育、培训、研究的可交互的虚拟学习环境。在炼铁生产线中，数字化学习工厂可以利用 CAD 工具对炼铁流程/设备的关键结构参数进行解析，利用 3Dsmax 软件来根据设计图纸和实景拍摄照片等图像素材构建空间几何模型，并利用 Polygon Cruncher、3DS VIZ、Autodesk VIZ 等多种软件来对该三维空间几何模型进行优化处理。

不仅如此，数字化学习工厂还可以借助 Unity 3D 来模拟炼铁过程中的交互情况和物料运动情况，并实时采集现场或数字孪生体的运行数据，进而重新构建包含与现场运行过程的实时变化相对应的高炉料面形状、软熔带位置、软熔带形状等各项信息的集合模型。

同时，数字化工厂也可以在此基础上利用 RealFlow 等流体动力学模拟软件来对炼铁过程中的流体进行模拟，利用 ANSYS、CFD、Fluent 等 CAE（Computer Aided Engineering，计算机辅助工程）工具来对炼铁流程/设备的运行机理、能量交换、多场耦合演变规律等进行数值模拟仿真和几何模型构建，进一步丰富模型内核。

除此之外，数字化学习工厂还可以利用 UGUI 构建 3D 交互界面，并在此基础上打造大型高炉炼铁生产线数字孪生体，以便将该数字孪生体用作展示和讲解炼铁生产线上的各项工作的工具，有效解决生产环境恶劣、物理模型使用成本高等问题，同时也支持炼铁生产线在 VR 环境中与工人、学习者进行交互。

5.3.3　炼铁生产过程的协同优化

炼铁过程具有工序繁多、工艺机理复杂、分布参数多、滞后性强、非线性程度高、耦合性强、时变性强等特点，难以对其进行建模和控制。在炼铁生产过程中运行优化控制系统能够直接影响炼铁生产各环节的控制功能和控制策略，既可以实现对整个炼铁生产流程的全方位控制，也能够提高生产过程的高效性和产品的质量，并帮助钢铁企业减少在生产运行方面的成本支出。具体来说，炼铁生产线过程中涉及对物料配方、工艺参数等多个方面的优化升级。

在物料配方优化方面，传统方法难以实时获取各项物料信息，也无法大幅提高配料优化的精细化和智能化程度，难以有效解决多级配料间的耦合问题，因此炼铁流程的各环节之间可能仍旧存在壁垒。而物料配方优化能够提高钢铁企业在选择和使用铁矿石资源方面的科学性、合理性，充分保障生产线中每个环节的产品质量，并减少污染物排放量和在生产成本方面的支出，达到提升自身竞争力的目的，同时钢铁企业也应加强采购、配矿和产出评价之间的联系。

工艺参数优化能够根据数据和机理模型来对烧结矿质量、高炉布料矩阵和铁水质量等关键工艺构建模型，并提高工艺控制模型的精度，以便工人根据经过优化的参数来进行操作。与此同时，工艺参数优化也有助于钢铁企业建立能够提高烧结矿质量的稳定性的烧结过程工艺参数优化模型，能够在最大限度上建立能够提高真实料面形状与期望料面形状的相似度的布料矩阵单目标优化模型，能够在最大限度上建立能够降低铁水含硅量预测值与期望设定值之间的差值的高炉铁水质量优化模型。

传统工业生产线一般需要借助单模型来优化物料配方、工艺参数等，且大多会受工序繁多、时空尺度较大等因素的影响，难以实现对生产流程的有效优化。数字孪生技术在工业生产线中的应用能够提高炼铁生产过程优化的整体性，推动炼铁工业生产线实现多流程耦合的协同优化。

例如，在配料优化方面，钢铁企业既要确保炼铁流程中的混匀料场配料、烧结配料和高炉配料均能满足自身工序要求，也要注意整个炼铁流程中的各个工序之间的耦合作用。从实际操作方面来看，钢铁企业在进行配料优化时可以利用数字孪生体来获取各种配料方式下的海量虚拟数据，并将这些数据融入工业现场实际感知数据当中，以便全方位监控铁前工艺配料工序。

不仅如此，钢铁企业还需要借助各类新兴的数据挖掘技术和数据库管理技术来高效对各项相关数据进行清洗、降维和关联等处理，以便深入挖掘潜在配料优化目标和配料优化约束条件，并对铁前工艺的各个测量变量之间的耦合关系进行深入分析，达到提高铁前工艺配料线上分析优化的自主性的效果。除此之外，钢铁企业也要利用优化算法来根据既定约束条件全面优化包含混匀料场配料、烧结配料和高炉配料的三元数字孪生体，进而实现对炼铁过程中的物料配方的协同优化。

对钢铁企业来说，可以参照以上解决方案的设计流程来协同优化控制整个炼铁过程中的各个环节、各项工序中的铁水质量、燃料比、污染配方等相关指标，充分确保炼铁生产过程运行的高效性、稳定性、安全性、节能性和环保性。

5.3.4 炼铁设备故障诊断与维护

在炼铁过程中，设备异常和设备故障等问题均会严重影响正常的炼铁生产流程，导致炼铁质量差、产量低、能耗高、污染物排放量高、高炉停产休风等问题，情形较为严重时还可能会出现安全事故。

由此可见，钢铁企业需要充分发挥数字孪生技术的作用，对炼铁生产线中的设备异常和设备故障进行及时预警和精准诊断，确保炼铁设备安全稳定运行，与此同时，钢铁企业也要利用数字孪生体的耦合关系来实时更新数字孪生体的各项数据，提高模型的精度和时效性，并综合运用工业物联网、巡检机器人和云计算平台等多种工具来远程对现场炼铁情况进行监控和运维，进而实现高度智能化、自动化的炼铁设备运维，减少在设备运维方面的人力成本支出。

除此之外，数字孪生体在设备性能退化情况预测和设备剩余使用寿命预测方面也发挥着重要作用。从实际操作方面来看，主要包括两个方面：一方面，高可靠性设备性能退化导致缺乏历史数据样本，因此钢铁企业可以通过利用数字孪生体构建炼铁设备性能退化数据库的方式来扩充设备的性能退化数据、加速试验数据以及数字孪生体的性能退化模型的数据等多种数据的数据量；另一方面，样本数据的来源各不相同且数据量有限，因此钢铁企业需要根据各项数据和退化机理构建基于数字孪生技术的性能退化模型，找出各项高相似度设备和孪生模型与当前设备个体之间存在的共性，并展现出当前设备个体的特性。

总而言之，基于数字孪生技术的设备性能退化模型能够根据在线数据预估退化模型参数，并在此基础上预测性能参量，同时加强数字孪生体与性能参量之间的联系，以便根据数字孪生体模型的变化来精准预测设备性能的退化情况。

5.3.5 炼铁过程的管理与决策优化

良好的自组织运行和调度能够在一定程度上确保各项炼铁生产活动的有序性，并为整个生产过程中的决策优化、管理控制和性能提升提供技术上的支持。

数字孪生技术在炼铁生产自组织运行和调度工作中的应用能够支持生产调度要素在真实的物理空间和虚拟的数字空间中互相映射，全面集成并融合整个炼铁生产流程中的所有环节和业务数据，提高物理空间感知炼铁生产运行状态的主动性，同时充分发挥自组织、自学习和自仿真机制的作用，在虚拟空间中及时调整生产调度方案，优化决策评估，提高异常定位的高效性和精准性，以便有效处理各类异常情况。

不仅如此，数字孪生体中还融合了增强式交互技术，能够从不同的维度表现运行调度过程，炼铁相关工作人员也可以借助数字孪生体来获取物理空间中的各项业务的相关信息。一般来说，以数字孪生为技术基础的炼铁生产线的自组织运行和调度优化主要涉及生产要素管理优化、生产活动规划优化和生产过程优化三项内容，如表 5-7 所示。

表 5-7　炼铁生产线的自组织运行和调度优化

主要内容	具体体现
生产要素管理优化	展现出基于数字孪生技术的炼铁生产和炼铁服务系统的交互过程，并在炼铁生产服务系统的主导下实现对初始生产计划的优化和完善
生产活动规划优化	对炼铁生产计划的优化和完善，能够展现出基于数字孪生技术的虚拟炼铁生产和炼铁服务系统之间的交互过程，并在虚拟炼铁生产的主导下对预定义炼铁生产计划进行优化升级
生产过程优化	展现出基于数字孪生技术的物理对象和虚拟对象的交互过程，并在物理对象的主导下对炼铁生产过程进行实时优化

综上所述，经过生产要素管理优化、生产活动规划优化和生产过程优化后，相关的数据量将快速增长，这些数据将会支持炼铁生产过程的优化方法持续完善。炼铁过程自组织运行和调度离不开高精度模型的支持，因此钢铁企业还需构建和完善数字孪生体，并积累大量虚实数据。

06

第 6 章
工厂数字孪生

6.1 工业数字孪生赋能智能工厂 >>

6.1.1 工厂数字孪生系统的原理与优势

工厂数字孪生系统融合了信息技术和数字建模与仿真技术，能够打通虚实交互的通道，为物理世界和虚拟世界之间实时的数据采集、数据分析和数据优化提供支持，并在虚拟的数字空间中对物理实体进行数字化仿真、实时监控和持续优化，助力工厂进一步提高生产效率、降低生产成本、增强自身竞争力。

（1）工厂数字孪生系统的工作原理

从工作原理上来看，工厂数字孪生系统主要需要完成以下几项工作，如图 6-1 所示。

图 6-1　工厂数字孪生系统需要完成的工作

①数据采集与建模。工厂数字孪生系统需要利用传感器和监控设备等工具实时采集和分析工厂的温度、湿度、压力等各项相关数据，并根据数据分析结果为数字孪生系统构建虚拟模型。

②数字仿真与优化。工厂数字孪生系统需要构建、仿真和优化数字模型，同时借助模拟工艺流程、物料流动和设备运行状态等内容的方式实现对工厂的全面仿真和分析，并在此基础上对工艺参数和生产计划等内容进行自动调整，进而最大限度地优化决策和生产过程。

③实时监控与预警。工厂数字孪生系统能够对工厂运行状态进行实时监控，并及时检测出异常情况进行预警，生成相应的分析结果和决策建议，为工程师等相关工作人员高效处理发生的异常提供方便，防止工厂出现较大损失。

④持续改进与协同优化。工厂数字孪生系统既能够实时监控和优化工厂的运行情况，也能深入挖掘和分析各项历史数据，找出工厂中存在的潜在问题，并为工厂提供科学合理的调整方案，实现与实际生产的协同优化。

（2）工厂数字孪生系统的优势

具体来说，工厂数字孪生系统主要具备以下几项优势，如图6-2所示。

图6-2 工厂数字孪生系统的优势

①提高生产效率。工厂数字孪生系统可以构建、仿真和分析工厂的数字模型，深入挖掘工业生产中存在的各种问题，并生成相应的改进方案，同时也能利用自身的预测功能进一步优化工厂的各项生产活动，提高工厂生产调度的精细化水平，助力工厂实现高效生产。

②降低生产成本。工厂数字孪生系统能够对工厂中的各个生产环节的实际运行状态进行实时监测，实现对潜在问题的及时预测、修复和调整，防止出现生产故障等问题，同时也能提高生产计划和决策的精细化程度，降低工厂的生产成本，提升资源利用效率。

③提高产品质量。工厂数字孪生系统能够优化控制与工厂生产相关的各项工艺参数，充分确保工厂能够稳定产出产品，同时对工厂的生产过程进行实时监测，并在发现异常问题时进行预警，以便相关工作人员及时处理各类异常问题，确保产品的生产质量不受影响。

工厂数字孪生系统的应用有助于提高工业生产的数字化和智能化水平，推动智能制造快速发展。近年来，大数据、物联网和人工智能等先进技术快速发展，工厂数字孪生系统在工业生产中发挥的作用也越来越重要，企业需要借助工厂数字孪生系统来强化自身的竞争优势，因此许多企业开始加大对工厂数字孪生系统的研究力度和应用深度，并在此基础上不断提高自身竞争力，加快推进智能制造的步伐。

6.1.2　工厂数字孪生系统的典型特征

概括而言，工厂数字孪生系统的典型特征主要体现在以下几个方面，如图 6-3 所示。

图 6-3　工厂数字孪生系统的典型特征

（1）多领域数字孪生系统交互

在工业制造领域的数字孪生生态系统中，工厂数字孪生系统可以与产品数字孪生系统和供应链数字孪生系统进行交互，也可以与供应链中的其他数字孪生系统进行交互，并通过集成多个数字孪生系统的方式来构建数字孪生生态，在系统交互和演化的过程中增强智能制造系统的能力。

（2）"数据－知识"混合驱动服务

知识服务是智能工厂数字孪生系统以最便捷、最直观的方式向用户提供的一项能够影响其决策的服务。在智能工厂中，全面感知的制造数据能够直接影响工厂的生产过程和生产决策，同时生产大数据分析与统计和信息的逻辑建模也能够为工厂生成生产决策以及提高工厂的生产管控能力、产品质量和生产效率提供支持。

由此可见，为了充分满足市场对大规模定制化服务的需求，工厂需要充分利用智能工厂数字孪生系统，明确"物理资源－模型－数据－知识－服务"多层级映射关系，并充分发挥"数据－知识"混合驱动服务机制的作用。

（3）服务驱动管理

智能工厂中可能会存在生产多样性强、物流任务目标较多、约束条件多、生产要素不齐、生产能力不足、生产任务不断变化等问题，这些问题会对智能工厂的制造能力和产品质量造成不利影响。

工厂数字孪生系统需要为智能工厂提供与其制造运行管理相关的各项智能服务，并推动各项服务互相融合，提高管控的精准度和工业生产的智能化程度，同时也要建立"服务动态调度机制—服务匹配组合—服务组合可靠性评估"层级反馈关系。不仅如此，智能工厂的配置和交互工作也离不开工厂数字孪生系统和外部制造系统的制造服务的支持。

（4）生产系统柔性化

工厂数字孪生系统中包含大量在时空方面会动态演变的资源、信息和服务，且能够为用户提供大规模定制化服务，对系统故障等问题进行防范，并提高生产系统的柔性化程度。工厂数字孪生系统可以根据需求变化情况高效调整资源流和信息流的运行状态，确保自身服务与客户需求高度匹配。

（5）"人－机－物－信息"协同共融

信息物理系统（Cyber-Physical Systems，CPS）能够支持信息空间和物理空间实现映射和深度融合，提高个性化产品制造过程仿真的实时性和管理的智能化程度，并与数字孪生技术共同在智能制造系统中发挥着使能作用。一般来说，智能工厂难以对具有一定复杂度的产品进行无人化生产，因此需要借助人的感知能力和学习能力来感知信息和进行决策，以便完成一些复杂的工作，实现"人－机－物－信息"协同共融。

具体来说，工厂数字孪生系统的协同交互如图6-4所示。

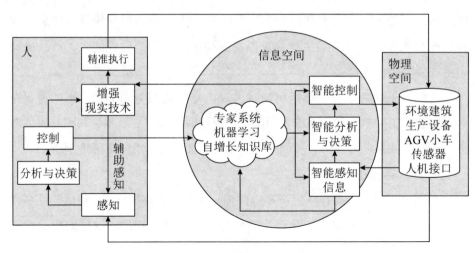

图 6-4　工厂数字孪生系统的协同交互

　　数字孪生技术在智能工厂中的应用实现了物理实体和数字孪生体之间的虚实映射，同时也在技术层面为智能工厂实现数字孪生建模、数据接口通信、实时同步仿真、智能决策优化和实时主动控制等功能提供了强有力的支持，智能工厂可以在此基础上自主管理和控制以数据和知识两项内容为驱动力的智能制造空间。

　　为了实现智能决策和主动控制，智能工厂需要综合运用物理空间中的状态、时间和行为等数据构建包含多个学科、物理量、尺度和概率的仿真模型，在确保仿真的实时性和同步性的基础上将仿真结果传输到智能决策模型当中完成综合评价、优化和预测等工作，并生成能够对物理实体进行实时主动控制的指令和决策。由此可见，数字孪生技术能够为智能工厂实现物理空间、信息空间和业务空间的交互提供强有力的技术支撑。

6.1.3　工厂数字孪生系统的总体架构

　　工厂数字孪生系统主要由智能实体工厂、工厂数字孪生体和孪生服务系统三部分构成，其中工厂数字孪生体主要包括虚拟工厂和数字孪生引擎两部分。

　　具体来说，实体工厂是指位于真实的物理空间中且包含车间、生产线、在制品、产品和人员等诸多要素的工厂。具备数字接口的实体工厂既可以广泛采集和快速传输工厂的运行数据，也能利用自身的智能化执行功能来获取来源于数字孪生体的控制指令信息，并根据指令对工厂的运行状态进行优化。虚拟工厂是指根据物理实体工厂构建的数字模型和信息系统，根据物理实体工厂构建的数字模型主要包括工厂数字模型、产品数字模型和管理模型，这些模型能够为智能工厂的运行提供支持。除此之外，环境控制模型、能源管理模型和安全防护模型等多种模型也在智能工厂监控中起着重要作用，信息系统则是一个具有管理和运行控制功能的信息物理系统，能够为智能工厂的运行提供驱动力。

数字孪生引擎也是数字孪生体的重要组成部分，能够通过连接物理工厂和虚拟工厂的方式构建数字孪生系统，并在此基础上打造具备数字孪生高级服务功能的软件平台。工厂数字孪生引擎主要由数据融合和模型融合两部分构成，能够支持系统以智能化的方式进行自更新、自组织、自调节和自优化，且具备实时监控功能，能够为管理和控制工厂运行情况以及更新优化产品数字孪生体提供支持。

一般来说，智能工厂的功能主要体现在以下三个方面，如表 6-1 所示。

表 6-1　智能工厂的主要功能

主要功能	具体体现
系统自组织	客户订单需求解析、供应链评估优化、生产计划生成、物流计划生成和生产仿真等工作
系统自调节 / 自更新	工厂多层次监控、动态调度策略更新和基于模型自更新等工作
系统自优化	基于知识的数据分析、模型训练和优化、动态调度策略与方法等

工厂数字孪生服务系统是一种能够利用数字孪生引擎来为用户提供供应链管理和设计优化等服务，并为各类应用的开发和运行提供支持的系统。智能工厂数字孪生服务系统可以为用户提供供应链管理、产品装配优化、产品装配指导、产品质量控制、实时物流规划、实时物流配送指导、能效优化等多种服务，并与工厂管理系统协同作用，以智能化的方式为工厂管理提供助力。

近年来，VR、AR 和 MR 等新兴技术快速发展并逐渐被广泛应用到多个领域当中，各类移动应用也逐渐普及，数字孪生应用系统可以利用以各类新兴技术为基础的人机交互服务来为用户提供更加高级、便捷和精准的人机交互接口，推动智能工厂中的人、机、物和信息互相融合。

6.1.4 工厂数字孪生系统的应用场景

信息技术的快速发展和广泛应用为工业生产制造的发展提供了技术支撑，在工业领域中，许多企业积极推进智能工厂建设，力图通过智能制造来强化自身的市场竞争力。就目前来看，数字孪生技术在智能制造中的应用日渐广泛，所发挥的作用也越来越大。

数字孪生技术在工业领域的应用能够通过融合 3D 模型和实时数据的方式对物理实体进行仿真，提高物理实体的实时可视化水平。智能工厂可以利用数字孪生技术在虚拟空间中对产线进行复刻和还原，并综合运用数字孪生体、人工智能和物联网来优化和验证产品的设计、工艺和生产设备，以快速迭代的方式不断强化产品技术性能，在提高产品生产的质量、生产力和灵活性的同时减少成本支出，并进一步创新商业模式、把握发展机遇。

数字孪生技术可将产品研发、产品设计、工艺规划、加工装配、质检试验、发货物流和售后服务等的所有产品生产环节映射到虚拟空间中，并对智能工厂产品生产的整个流程进行可视化管理。一般来说，数字孪生在智能工厂中的应用场景如图 6-5 所示。

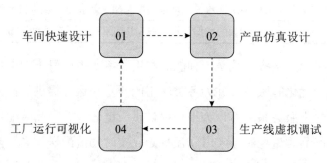

图 6-5　数字孪生在智能工厂中的应用场景

（1）车间快速设计

数字孪生技术可以根据车间场地、工艺和设备等内容利用三维设计引擎为车间打造虚拟三维模型，并利用该模型来进行车间设计，进而达到提高车间设计效率的目的，同时也可以利用设备的动作脚本进行程序开发并构建虚拟控制网络，在虚拟空间中对车间进行仿真，以便根据各项相关数据来预测、评估和优化车间设计。

（2）产品仿真设计

智能工厂中的产品设计人员可以利用数字孪生技术对产品和产品的应用环境、生产工况以及运行状态进行虚拟仿真，并在此基础上获取真实性较强的场景反馈信息，以便深入了解和掌握实际产出产品的达标情况。

因此，数字孪生在产品设计环节的应用既能够减少在验证反馈工作中花费的时间、缩短产品设计周期，也有助于大幅降低样机试制成本和样机运行验证成本。

（3）生产线虚拟调试

在数字孪生体中进行生产线调试能够打破时空乃至设备参数的局限性，将设备调试前置，在虚拟环境中对生产线的数字孪生模型进行机械运动、工艺仿真和电气调试。

机器人调试是数字孪生在生产线虚拟调试中的典型应用，从实际操作上来看，智能工厂中的相关工作人员需要在虚拟空间中导入工业机器人运动模型，并在参数绑定的前提下操控机器人的动作，以便对生产线中机器人动作的达标情况和安全程度等进行精准判断。

（4）工厂运行可视化

工业领域的企业可以通过在虚拟空间中为工厂构建数字模型的方式提高工厂运行的可视化程度，以更加直观的方式展现生产设备现状、订单情况、设备综合效率（Overall Equipment Effectiveness，OEE）、产量、质量、能耗等信息。

对智能工厂的管理人员来说，数字孪生的应用有助于其全方位掌握设备的状态数字标签和环境的监控视频数字标签等相关信息，以虚实结合的方式对整个工厂进行全方位巡视、管理和运维。

现阶段，数字孪生技术在智能工厂中的应用成熟度不高，还需进一步发展，并解决体系支撑、技术实际应用等方面的问题。总的来说，数字孪生技术在智能工厂中的应用能够创新工厂运维管理模式，提高工厂各环节管理的沉浸化程度和交互性，达到降低工厂运维成本和提升产品生产效率的效果。

6.2 基于数字孪生的智能工厂建设 》

6.2.1 两化融合驱动的智能工厂

伴随经济的发展，世界各国的经济联系和互动日渐密切和广泛，企业之间的竞争也越来越激烈。具体来说，产品智能化和制造业服务化程度的不断加深进一步加大了企业的竞争压力，产品复杂性和生产管理难度的提高也限制了制造业的发展，因此工业领域开始尝试借助信息化和工厂建设融合的方式来提高产品的质量和产能。智能工厂的发展进程大致可以梳理如下：

- 20世纪80年代，工业制造领域的专家和学者以集成知识工程、软件系统、机器视觉和控制的方式构建出生产过程模型，让智能装备能够在基于知识库的专家系统的支持下进行小批量、无人化的产品生产，推动制造业向自动化和定制化的方向转型发展。

- 20世纪90年代，工业领域的企业通过计算机信息化的方式集成产品设计、产品生产和市场销售等内容，并构建具有高效性等优势的生产系统，同时以计算机集成制造系统（Computer Integrated Manufacturing Systems，CIMS）为中心打造有助于工业制造企业快速发展的信息系统。

- 21世纪，机器学习、深度学习等人工智能技术在制造业中的应用程度不断加深，并赋予生产系统一定的自学习能力，提高了生产系统的智能化程度。随着智能工厂建设的逐步推进，企业的产品交货周期不断缩短，工厂运营成本不断降低，生产效率越来越高，产品换型生产转换时间越来越短，工厂也可以灵活调整产品的生产批量。

以数字孪生为技术基础的智能工厂和CIMS集成了计算机辅助设计

（CAD）、计算机辅助制造（CAM）、计算机辅助翻译（Computer Aided Translation，CAT）和计算机辅助工艺过程设计（Computer Aided Process Planning，CAPP）等多个信息系统，能够帮助制造业企业整合各类信息以及敏捷制造、并行工程和虚拟制造等理论。不过，为了更好地推动智能工厂的建设进程，CIMS 还需解决以下几项问题，如表 6-2 所示。

表 6-2 计算机集成制造系统还需解决的问题

问题项	具体体现
未适应制造科学基础	计算机集成制造系统不具备足量且高效的制造工艺机理模型，也没有设立专门的学科，在产品制造方面存在柔性化程度差的问题
未解决的数据技术问题	计算机集成制造系统具有数据存储类型单一的特点，且不具备权威的数据交换标准体系
智能化程度不足	计算机集成制造系统发展之初所应用的人工智能技术还不够成熟、计算能力较弱，无法充分满足工业制造企业在生产调度方面的要求，在进行决策时对人的经验的依赖性较强
未适应工程教育和应用	计算机集成制造系统的应用降低了制造运营人员的参与度，导致商业化软件无法为制造业的二次开发和推广提供有效支持

在智能工厂的建设过程中，随着技术的发展和应用的推进，以数字孪生为技术基础的智能工厂将积极打通企业内外的生态系统，深入挖掘各项有价值的实时生产数据，并对数据分析结果进行充分利用。

总之，智能工厂中融合了多种先进的信息技术、智能装备和生产方式，能够从客户订单和产品设计环节入手提高自身在客户响应和产品生产等环节的效率，缩短产品交付周期，并充分满足客户个性化的产品需求。

6.2.2 智能工厂的总体运行体系

智能工厂运行体系主要由技术创新体系、经营管理体系和制造运行体系构成，如图 6-6 所示。

（1）技术创新体系

技术创新体系主要涉及 CAD、CAM、CAPP、智能工厂设计、电子设计自动化（Electronic Design Automation，EDA）、工厂信息化模型（Plant Information

图 6-6 智能工厂运行体系的构成

Modeling，PIM）和工厂运行仿真系统等与产品设计创新相关的系统和模型。

（2）经营管理体系

经营管理体系主要涉及企业资源计划（Enterprise Resource Planning，ERP）、供应链管理系统（Supply Chain Management，SCM）和集成供应链（Integrated Supply Chain，ISC）等各类能够对业务、供应链、产品和服务等进行有效管理的系统。

（3）制造运行体系

制造运行体系指的是包含智能化的生产设备、物流设备、网络设施、传感器检测设备和制造执行系统（Manufacturing Execution System，MES）的信息物理生产系统（Cyber-Physical Production Systems，CPPS），其中，MES能够实时管理和控制生产过程，在工业生产制造中发挥着重要作用。

在智能工厂中，其物理空间需要包含生产设备、物流设备和所有设备生产的产品，而虚拟空间具有数字化、信息化和网络化的特点，主要用于存储技术创新体系中的产品模型、工厂信息化模型以及经营管理体系中的各项业务流程。智能工厂的制造运行体系可以连接起物理空间和虚拟空间，进而构建起完整的智能生产系统。因此，智能制造领域的企业可以在明确客户需求的前提下利用 ERP 系统生成新产品订单或成型产品的配置订单。

- 新产品订单是企业利用产品模型和工艺模型的快速设计能力生成的具有定制化特点的订单；
- 成型产品的配置订单是客户根据企业为其提供的功能特征明确的产品所选配的清单。

此外，智能工厂中的产品数据管理（Product Data Management，PDM）系统具有产品配置功能，能够利用变量化或参数化的 BOM（Bill of Material，物料清单）系统来为客户提供产品配置服务，充分满足客户个性化的产品配置需求。企业可以将 PDM 中的产品配置模型和 ERP 系统生成的产品制造指令传输到 MES 中，以便 MES 根据作业指令、工艺参数、控制程序等对设备进行控制，实时监控产品的加工制造过程，同时 MES 也会将整个制造过程中的各项状态数据传输到 ERP 系统当中，将制造档案传输到 PDM 系统当中。

智能工厂中的制造运行模型和物流运行模型可以通过获取并仿真计算

MES 的状态数据的方式来找出产品生产制造现场的潜在问题。MES 中的排产模块具有优化调度功能，能够通过对产品制造过程的优化提高产品加工制造的高效性和智能化程度。不仅如此，MES 还能够从在制品的产品制造档案中获取各项产品生产信息，实现对产品质量的追溯，并支持 PLM（Product Lifecycle Management，产品生命周期管理）系统对产品进行远程维护和服务。

智能工厂的 PIM 设计是技术创新体系中的重要内容。随着市场需求的个性化程度不断加深，PIM 不仅要在工厂建设过程中优化设计，还要对产品进行个性化的创新设计。对工厂的制造运行体系来说，应提高生产线和物流线的柔性化程度，及时适应新的产品和新的工艺。针对新产品和新工艺的生产线调整和物流线调整大多具有一定的复杂性，智能工厂需要充分发挥仿真技术的作用，构建工厂设计模型，确保工厂的产品制造体系稳定运行。

可扩展的工厂信息模型（Extensible Plant Information Model，XPIM）主要由仿真模型和实体模型两部分构成，其中，仿真模型可分为工艺仿真模型、性能仿真模型和建造仿真模型等多种类型。具体来说，XPIM 能够以三维的方式对工厂的实际运行情况进行直观展示，为智能工厂现场指挥产品生产制造提供方便。

就目前来看，许多发达国家已经在智能工厂建设的过程中应用了以模型为基础的虚拟技术和数字化制造技术，借助这两项技术来进行产品生产制造，但这种方式存在工程模型和实际应用信息割裂的问题，因此企业还需利用数字孪生技术来推动物理系统向网络化和数字化系统反馈，凭借逆向思维为工业领域实现创新发展提供助力。

6.2.3　数字孪生智能工厂的建设架构

传统工厂管控系统的管理主要涉及工厂管理层、生产监控层、单元控制层，系统无法有效处理生产调度、设备预防维护和数据分析等工作内容，因此还需借助人的经验来进行决策。依托人工智能相关技术，智能工厂具有较强的自主决策功能，能够大幅提高工业生产的柔性化、自动化和高效化程度。

（1）基于数字孪生的工厂/车间管控系统

具体来说，传统工厂管控系统中的问题主要包括以下几种，如表6-3所示。

表6-3　传统工厂管控系统中的问题

序号	问题
1	信息化开发平台多样化
2	工厂车间现场智能分析模型不足
3	工业大数据不足，无法为智能分析提供数据层面的支持
4	制造执行系统缺乏仿真分析
5	系统架构不能够融入移动终端、VR和AR
6	对生产过程监控的可视化程度较低

以数字孪生为技术基础的新型工厂管控系统和新型车间管控系统进一步拓展了数字孪生系统和生产大数据管理平台，连接起了仿真分析系统、基于ERP的企业管理系统和基于MES的工厂级/车间级生产执行系统，进而为各个系统之间的数据交互提供强有力的支持，同时也会在数字孪生技术的支持下打造具有可扩展性和强开放性特点的新型工厂/车间管控系统架构，打破强耦合分层体系的限制，围绕数字孪生系统构建新的网状结构的系统架构。

具体来说，基于数字孪生技术的智能工厂/车间管控系统的建设目标主要分为短期、中期和长期，如表6-4所示。

表6-4　智能工厂/车间管控系统的建设目标

建设目标	具体内容
短期目标	在虚拟工厂维度对物理实体工厂中的各项生产要素、生产活动规划和生产过程控制进行有效管控
中期目标	融合物理工厂和虚拟工厂中的所有要素、流程和各项相关业务数据，助力工厂实现虚实映射和实时交互
长期目标	打造并利用生产管控云平台来赋予工厂虚实联动能力和数据驱动生产能力，在数字孪生的支持下对工厂的生产过程进行管控，最大限度地优化工厂的生产管控和智能化排产调度

工业领域的企业可以综合利用大数据平台、人工智能和VR、AR等先进技术和工具根据自身未来在智能工厂生产管控方面的要求构建一个具有高集

成度、高全面性、高稳定性和技术先进等特点的数字孪生系统，以便对整个工厂和车间的产品生产状态进行有效管理和控制，全方位提高自身的智能制造管理水平。

（2）数字孪生智能工厂系统的主要功能

以数字孪生为技术基础的智能工厂系统大多具备以下几项功能，如图6-7所示。

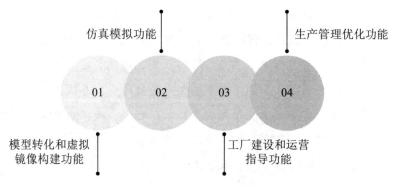

仿真模拟功能

生产管理优化功能

01　02　03　04

模型转化和虚拟
镜像构建功能

工厂建设和运营
指导功能

图6-7　数字孪生智能工厂系统的主要功能

①模型转化和虚拟镜像构建功能。以数字孪生为技术基础的智能工厂系统能够完成从实体模型和业务模型到信息模型的转化，并在物理工厂和虚拟工厂之间构建低时延、高保真的虚拟镜像。

②仿真模拟功能。以数字孪生为技术基础的智能工厂系统可以通过仿真计算的方式对产品从产生需求到交付的整个过程进行仿真模拟。

③工厂建设和运营指导功能。以数字孪生为技术基础的智能工厂系统能够生成经过优化处理的仿真结果，并据此为企业建设物理工厂和运营物理工厂提供指导。

④生产管理优化功能。以数字孪生为技术基础的智能工厂系统能够根据物理工厂的实时数据和状态对虚拟工厂模型进行调整，并构建三维可视化的MES为相关工作人员全方位掌握产品生产流程中的各项信息提供支持，以便生产管理工作人员及时找出并解决生产过程中出现的各类问题，提高生产管理的透明度、实时性、协同性和可视化程度，达到优化生产管理的目的。

具体而言，MES带来的技术创新主要表现在以下几个方面：

● **构建数据驱动的三维虚拟工厂**。MES能够在三维虚拟工厂模型中利用多维统计图表以动态可视化的方式向相关工作人员展示设备状态、生产进度、质量状况、物流状态和工厂能耗等车间生产过程相关信息。

● **针对生产异常进行协同调度。** MES 能够与设备检测系统进行交互，并动态监测产品生产过程，及时发现设备故障、物料不足、质量差等问题，以便利用仿真和优化分析的方式来优化作业计划，解决产品制造过程中存在的各类问题，提高生产制造的准时性和高效性。

● **实现生产数据的全过程贯通。** MES 的应用能够加大企业在构建生产系统全生命周期过程中对生产系统的开发、实施、运营和退役的重视程度，支持企业深入挖掘以数字孪生为基础的虚实系统集成接口方式和标准，并构建基于孪生数据的虚拟工厂模型，确保虚拟工厂模型能够与物理工厂同步运行并及时接收反馈信息，为智能工厂生产系统提高运行的同步性以及实现虚拟验证提供支持。

6.2.4　基于数字孪生的虚实系统集成

数字孪生系统具有自学习、自组织、自配置和自适应的特点，能够利用数字孪生技术集成各个虚实系统，为系统交互提供支持，从而在智能工厂中发挥着十分重要的作用。

在智能工厂方面，工业领域的企业需要加强信息技术和运营技术的融合以及业务流、工艺流和物料流之间的信息交互，并生成各项相关数据用于实施决策，在模型和算法的支持下进一步生成数字孪生系统的数据集和数据类型。与此同时，企业还需在智能工厂的各项生产要素和资源中装配智能化的传感器设备，确保数据持续更新，并为数字孪生系统采集设备、仪器仪表、单元控制系统、车间管理系统、企业管理系统和可编程逻辑控制器中的数据信息提供方便。

数字孪生系统在智能工厂中的应用能够大幅提高现场作业相关决策的自动化程度，并通过仿真建模和智能分析的方式在虚拟工厂中对各项产品生产活动进行处理。不仅如此，数字孪生系统还可以自动将经过优化的产品制造相关指令传输到 MES 当中，利用 MES 来对现场控制系统进行调控，以便促进各项生产活动高效落地，及时接收来源于过程控制系统（Process Control System，PCS）的各项实时数据，除此之外，还要将现场采集的数据传输到虚拟工厂中调整模型和参数，为智能车间打造管理和控制闭环。

（1）信息集成的框架

为了助力智能工厂实现虚实融合，企业需要利用信息集成框架来通过数字孪生交换各项相关数据信息。一般来说，融合了数字孪生技术的虚拟工厂大多具备仿真分析功能，且现阶段的数字孪生系统和仿真分析系统之间相互独立，企业可以利用数字孪生模型集成两个系统中的信息。

数字孪生可用于测量物理工厂和车间中的生产、环境、产品等的相关数据，利用自身在产品设计工艺和生产系统方面的仿真能力广泛采集产品设计、产品制造等方面的相关信息，并将企业的实际产品生产情况以三维可视化的形式表现出来，以便在物理工厂中进一步优化产品的设计和制造流程。

可扩展且敏捷性强的信息系统架构能够整合仿真分析系统、工厂数字孪生系统、车间数字孪生系统和企业内部信息化应用系统等多种基于数字孪生技术的系统，并为企业云平台中的个性化定制系统、电子商务系统和远程运维系统等系统的创新发展提供支持。

（2）信息集成的接口技术

数字孪生系统中主要包含感知系统、通信系统、计算系统和控制系统，能够充分确保智能工厂在感知、联结、分析和控制方面的实时性、安全性、可靠性和协同性。随着企业需求的不断变化，以数字孪生为技术基础的智能工厂需要借助微服务来对系统架构进行重塑和拓展。智能工厂系统可以充分发挥企业服务总线（Enterprise Service Bus，ESB）技术和工业物联网（Industry Internet of Things，IIoT）技术的作用，在提高设计、生产、试验、运维服务等环节的数字化程度的同时集成各个环节中的各项异构信息，以便联通工厂中的设备、设施、人员和组织。

基于云平台迁徙的信息化系统可以通过在虚拟工厂系统中建立映射的方式实时更新各项与企业业务相关的结构性数据和非结构性数据，推动物理工厂与虚拟工厂同步工作。围绕业务的企业服务总线可以开发专门的 App，并结合云服务器来对系统和各项相关数据进行统一管理。

从影响程度上来看，更换硬件、更换产品、供应链波动等并不会对生产系统和运营管理造成较大影响，企业仍旧可以在不对信息化系统进行改造的情况下对各项相关设备即插即用。而且控制系统中融合了管理壳技术，可以对设备、仪表、自控、物料等信息进行分类和封装处理。

6.3 数字孪生车间系统的建设实践 〉

6.3.1 数字孪生车间的总体框架

工业革命后，基于大机器生产的工业生产方式随着科学技术、管理方法的进步而不断发展，总体来看，其发展历程大致经历了单一机器辅助生产、流水线规模化生产和信息化辅助机器生产等阶段。目前，信息化、数字化与机器生产的联系越来越紧密，得益于新一代信息技术的驱动作用，基于数字化车间的生产模式在现代制造业中进一步深化应用，其自动化、智能化程度不断提高，带动整体制造水平大幅提升。

数字化车间依托物联网、互联网等网络通信基础设施，利用一定的智能化、数字化技术手段，在计算机虚拟环境中对人员、物料、机器设备等生产资源进行虚拟仿真，在可视化的基础上对其进行设计、优化、管理，以实现对现实生产活动（包括产品设计、工艺流程、组织方式等）的科学指导，达到降本增效、精细管理、提升市场竞争力的目的。数字化车间颠覆了传统的规划设计理念，使得原先依靠经验、人工的设计方式逐渐向依托于数字仿真与计算机算法的设计方式转变。

（1）数字孪生车间总体框架

数字孪生车间的总体框架涵盖了物理实体层、孪生模型层和服务层三个层面，如图 6-8 所示。

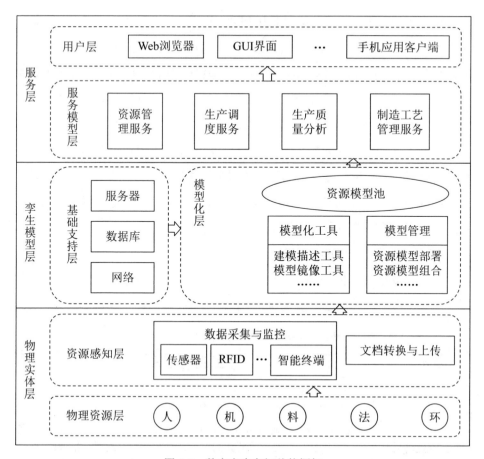

图 6-8 数字孪生车间总体框架

①物理实体层。物理实体层主要包括资源感知层和物理资源层两个部分，前者包括传感器、智能终端等设备部署，为孪生模型层提供了数据基础；后者可以分为"人、机、料、法、环"五个大类，如表 6-5 所示。

表 6-5 "人、机、料、法、环"的具体内容

类别	具体内容
"人"	指参与生产制造活动的人员，包括维修工人、操作工人等
"机"	是指生产活动所需的各类机器设备和工装等生产用具
"料"	是指生产过程中消耗的物料，包括能源、原料或其他半成品用料等
"法"	是指产品制造过程中需要遵循的相关标准或规范，例如生产计划表、工艺指导书、标准流程规范、检验标准等
"环"	是指开展生产制造活动所处的场景或环境，环境中通常对设备布局、湿度、温度等有一定要求

135

②孪生模型层。基础支持层和模型化层构成了孪生模型层的主要内容。其中，孪生数据主要来自车间物理实体，为构建仿真模型提供了支撑；仿真模型是对车间物理实体在虚拟空间中的真实映射。仿真模型与孪生数据根据一定的逻辑规则进行匹配，由此形成的孪生模型随物理实体的变化而变化。

③服务层。服务层涵盖了服务模型层与用户层，主要通过孪生数据驱动，从而为不同的系统用户提供相应的服务与决策支持。

从数字孪生车间的总体框架结构看，为确保服务层功能顺利实现，需要重点关注孪生数据的获取、孪生模型的构建等方面的工作。

（2）数字孪生车间的关键技术

①车间数字孪生模型制作。为了使车间数字孪生模型的作用得到充分发挥，在构建模型时需要遵循的原则如下，如表6-6所示。

表6-6　车间数字孪生模型的构建原则

构建原则	具体内容
模型应有主次划分	为控制模型整体数据量级、提升模型渲染效率，可以对重点模型进行分层处理，而一些不重要的、功能单一的辅助模型则可以进行简化
动态模型接口统一	一个完整的产线流程通常由多个不同工序组成，保证每段工序的激活条件、运动方式、持续时间等要素的统一，有利于工序数据、指令的传递，例如不同工序都由红外信号触发，单一工序要避免出现两种并存的驱动方式
模型命名与实体设备对应	在命名模型时，需要确保模型名称与实体对象一致，如果单体设备结构较多，可以对模型进行分组处理，这可以为后期人机交互活动或数据联动提供便利

②物理实体设备多元异构孪生数据采集。在数字孪生车间的物理实体层，可能存在着大量来自不同厂家的产品或设备，这些设备所要求的数据格式、系统兼容性、接入方式等都存在差异。目前，在工业互联网环境下普遍使用的多源数据获取技术包括Modbus、基于OPC（一种支持数据安全交换的可互操作性标准）的统一架构。稳定、实时、快速的源异构数据采集机制，是保证孪生模型与产线状态一致性、使数字孪生系统真正发挥作用的基础。

数字孪生模型所需的驱动数据部分来自传感器，部分则来自生产现场的各类管理软件，具体是通过规定二者间的数据传输方式实现的，例如相关驱动数据可以以线体为单位进行传递，传输的数据类型包括设备生产数据包、线体流转数据包和集控展示数据包等。

③车间生产运行实时联动。数字孪生模型可以实现对物理对象状态、行为、动作的实时联动，这是数字孪生技术的应用优势之一。与传统的对生产现场数据的采集与分析相比，数字孪生体为作业、管理人员提供了更为直观、清晰、全面的数据支持、决策支持；通过孪生体与车间现场的实时联动，可以准确掌握工件位置状态、运行状态，孪生系统可以及时预警反馈异常状态，并辅助实现更加高效、合理的调度规划。

6.3.2　车间数字孪生的功能需求

智能车间是生产企业进行智能化转型升级的解决方案之一，其生命周期主要包括规划建设与管理运维两个阶段，而覆盖全生命周期的数字孪生系统可以发挥重要的辅助作用，人机交互的智能车间是未来生产智能化发展的重要趋势。

（1）规划建设阶段系统的功能需求

在传统的车间规划与建设过程中，二维图纸是传递规划信息的重要载体，车间工作人员以图纸呈现的设计方案为基准协同推进车间建设，建设周期通常较长。而数字孪生车间不仅可以直观、清晰地展示车间规划方案中的各种细节信息，还可以促进人员协同与有效沟通，缩短车间建设周期。

（2）管理运维阶段系统的功能需求

智能车间作为承载日常生产活动的场所，在其中应用数字孪生系统，可以有力驱动制造工艺、制造流程的智能化转型。

为了更好地理解车间数字孪生系统的应用价值，我们可以先了解传统制造车间存在哪些问题，如表 6-7 所示。

表 6-7 传统制造车间存在的问题

序号	主要问题
1	在对车间运行状态的监控方面，相关设备数据、运行监控数据等多以统计表的形式呈现，这存在着数据溯源困难、信息分散等问题，无法精准掌控车间的状态信息
2	问题反馈的滞后性导致了生产调度的被动性，无法及时调整生产规划，容易造成生产资源浪费
3	对于产品质量问题的溯源和原因分析不够及时、精准，生产工艺迭代缓慢，不利于保证加工质量
4	物流规划基于人工经验进行离线安排，缺乏灵活性，难以快速响应车间制造活动的动态变化，物流运输决策、物流资源调配较为滞后
5	对于设备故障等突发情况只能被动响应，可能影响作业效率，打乱车间整体运行计划

基于上述传统车间运行过程中存在的问题，便有了相关改进和优化需求，车间数字孪生系统在管理运维阶段的功能需求如图 6-9 所示。

图 6-9 车间数字孪生系统在管理运维阶段的功能需求

①车间全要素实时监控：将车间各要素运行的状态数据实时同步到孪生模型中，并以可视化的形式展现出来，使作业人员直观地了解车间运行情况。

②智能生产调度：基于一定的算法规则，并结合生产计划、车间生产资源和设备运行效率等数据信息，可以计算出最佳生产规划方案，辅助实现预测性生产。

③产品质量追溯及分析：如果产品出现了质量问题，可以快速定位到生产该批次产品的时间、产线或设备工况（如切削力误差、工序定位精度等）等信息，在虚拟场景中进行仿真验证，辅助分析导致出现产品质量的问题点，

以加强控制或优化。

④实时物流规划及配送指导：根据车间工位需求、生产计划完成情况和库存状态等信息计算出最优的物流资源配置方案，并将配送指令下发到对应终端或人员以进行执行。

⑤设备故障预警与反馈：可以根据车间运行状态数据预测可能存在的故障或异常，及时推送报警信息，以便作业人员及时响应、调整，避免拖延生产计划或带来产品质量问题。

（3）人机交互视角分析系统的功能需求

随着现代科技的发展，以机器为主、人工为辅的自动化工业生产模式将进一步推广普及，人机交互则成为该模式的基本特征，AR、VR 等技术的应用能够有力驱动数字孪生系统发展，为人员带来更好的使用体验。来自物理车间的各类数据信息将实时传递到虚拟空间中，辅助操作人员对车间运行状态进行监控与管理。

6.3.3　车间关键要素的数字建模

一般来说，除对生产环境有特定要求的行业外，生产过程的主要参与要素包括设备（及零部件）、物料和人员等。其中，生产设备在加工、物料存储、运输等方面发挥着重要作用，这些设备主要包括加工机床、工业机器人、堆垛机等。在构建数字孪生模型时，需要保证模型的尺寸、功能、运动状态与物理对象相一致，从而实现与现实生产环境的真实联动。另外，需要搭建连接物理设备与虚拟系统的信息通路，为数据采集、决策数据的转化执行奠定基础。

（1）生产车间的数字模型

生产车间孪生模型的构建应该满足一定要求：一是要根据图纸规定的尺寸精确建模，并还原车间的主要结构和细节，以满足虚实交互的应用需求；二是在保证模型精确度的基础上，尽可能降低模型的数据量，大规模的数据量可能带来更大的算力负担。例如，非重要结构的模型表面凸出如果小于 300毫米，可以采用贴图的形式来表现建筑物结构。

（2）设备数字孪生建模

搭建好生产车间模型后，就可以进入设备数字孪生模型的构建阶段。以下将从三维孪生模型构建、虚实通信接口连接、虚拟孪生服务的实现三个方面进行介绍，如图 6-10 所示。

①三维孪生模型构建。与车间孪生模型类似，设备数字孪生模型的结构、尺寸、运动特性等属性也应该与实体设备一致，并还原物理设备功能，从而更好地发挥作用。

②虚实通信接口连接。虚实通信接口是实现孪生模型内部各要素、孪生模型与物理实体数据交互的基础，因此需要根据驱动数据运行需求建立灵活的信号通信机制。常用的通信接口类型包含 RFID、TCP/IP 协议、电力线通信等。

图 6-10　设备数字孪生模型构建阶段

③虚拟孪生服务的实现。数字孪生系统的应用价值是通过数据驱动实现的，通过虚拟空间与物理空间在物理、行为等维度上的数据交互，可以实现对物理实体、现实生产状态的真实映射。由于虚拟空间中存在的数据是复杂多样的，因此需要通过数据库等工具对各类数据进行有序管理。

不同的数据类型通过消息队列的处理和分类后，需要存储至不同的数据库中，如表 6-8 所示。

表 6-8　不同数据类型的数据库存储

数据类型	数据库存储
结果数据	上游供应商提供的结果数据，可直接存储至 Redis 实时数据库中
过程数据	当上游供应商提供了过程数据而未提供结果数据时，可以将该类过程数据存储至规定的关系型数据库中，并通过计算、处理将其转化为结果数据
时序数据	主要指来自生产设备的工艺数据或过程数据，这些数据通常存储至时序数据库中，以满足产能分析等数据溯源需求

数据在数字孪生模型中发挥的具体作用包括支持虚实互动的有机连接与决策分析、对模型行为进行指导、完善约束运行规则等。数据在生产设备孪生模型中的应用则体现在辅助实现设备功能（或动作）、准确定位空间位置等，

利用动作数据接口或定位数据接口，三维结构模型可以实现对设备在物理空间定位和加工动作数据的精准映射，从而实现对实体设备的实时监控。

在产品、零部件的模拟方面，现实生产场景中的产品需求计划、生产工单、批次编码、质量标准等相关信息都可以通过数据接口同步到虚拟空间的产品标签中，产品、零部件模型的几何状态也由工艺数据驱动演变。对虚拟生产环境的仿真模拟是在传感器所采集环境数据的基础上实现的，数字孪生系统对相关数据进行整合分析后以量化的、可视化的形式呈现。

6.3.4　车间设备数字孪生的实现

在了解数字孪生车间的总体框架、车间数字孪生的功能需求以及车间关键要素的数字建模后，就需要将车间设备数字孪生进行落地实现。具体来看，车间设备数字孪生的实现主要需要通过工业机器人、生产加工设备、物流设备、立体仓储等展开。

（1）工业机器人

随着机器人技术的成熟，工业机器人已经成为工业领域生产车间中不可或缺的工具，能够为制造生产、物流搬运等作业活动提供重要支撑。工业机器人的数字孪生模型，需要实现对机器人空间位置信息和动作行为的精准映射，其虚实通信数据接口需要支持末端执行器、动作关节、运行状态等数据的交互，并在此基础上为相关生产活动提供运动控制模拟、数据处理及决策优化等服务。

具体实现过程如下：首先构建与机器人实体结构一致的三维模型，并将模型导入虚拟空间，根据物理对象的定位数据将其放置在正确位置上，建立运动结构（一般为连杆结构）；虚拟机器人模型的运动精度受到实体对象关节点参考坐标系定位精度的影响，在进行定位时，可以以机器人关节旋转的中心点为基准进行定位，然后根据机器人手册中的参数信息构建高精度的连杆机构；最后，基于连杆结构，运用相应的虚拟孪生服务程序实现对机器人加工行为、写作行为、运动路线和故障行为等方面的模拟仿真。

（2）生产加工设备

生产加工设备主要可以分为普通设备和专业类数控机床设备两类。其中，专业定制化设备同样离不开以旋转关节和平移关节为主的机构框架，并在某一部分使用了特定的作业工具。因此，设备的主体可以视情况套用简单机器人的模型。而数控机床模型侧重的是主传动机构和进给传动机构等部分，同时需要模拟机床开关门的工况。

加工设备三维模型是对实体设备本身、设备所处空间位置及其动作行为进行仿真模拟，其虚实通信接口支持设计工具动作信号、机械运动数据、设备状态及旋转关节数据等信息的传递，可以实现的虚拟孪生服务包括信号处理、运动控制及对实体加工设备的实时监控等。

（3）物流设备

物流设备的数字仿真模型主要涉及传送带和 AGV（Automated Guided Vehicle，自动导引车）等。

- **传送带**：主要作用是将货物传动到规定位置，功能全面的传送带可以通过传感装置监测、控制货物的位置。
- **AGV**：主要包括车体和运载托盘（平面）等结构，平面可以完成平移或旋转动作。

物流设备数字孪生模型同样包含了对设备本身、动作、位置和运动轨迹等要素的模拟，其虚实通信接口则支持传递移载动作信号、空间位置数据、传感数据等信息，可以为作业人员提供数据处理、运动控制、设备运行状态和位置监控等虚拟孪生服务。

（4）立体仓储

立体仓储作为仓储领域发展的先进代表，其组成部分包括货架、堆垛机、穿梭机和托盘等。立体仓储数字孪生模型不仅支持对产品出入库状态、库存信息的记录、分析，还能够控制穿梭机、堆垛机或巷道机的运行，实现对物流设备的动态调度与科学管理。

（5）产品／零部件

由于整个产线流转过程和工单执行活动都是围绕产品／零部件展开的，因此产品／零部件在数字孪生车间系统中处于核心地位。数字孪生系统需要通

过实时定位产品 / 零部件所处工序，对其数字几何模型和不同工艺阶段虚拟信息进行分析。

随着生产流程的推进，产品或零部件的几何外形也在逐渐发生变化。而与形态变化对应的质量标准、编码、订单号等全生命周期信息可以在数字孪生系统中以虚拟标签的形式存储记录下来。数字孪生系统在更新产品信息的过程中，需要从可编程逻辑控制器（PLC）、制造执行系统（MES）等其他系统获取实时联动数据。

（6）工业监控

对生产车间工业监控系统进行数字孪生模拟的过程，实际上也是与监控点位实时联动的过程。通过虚拟模型与摄像头控制系统的数据通路，可以获得实时监控画面、摄像头监控范围、摄像头分布位置等信息。当产线存在异常情况时，模拟系统可以根据预警信息迅速调取产线附近的监控画面，辅助管理者及时掌握现场情况、定位问题原因。

07

第 7 章
数字孪生与工业互联网

7.1 工业互联网平台架构与应用场景 »

7.1.1 工业互联网平台的体系架构

工业互联网是融合了信息通信技术、高级计算技术、数据分析技术、感应技术和工业经济的新型基础设施。从本质上来看，工业互联网具有开放性和全球化的特点，能够利用工业级的网络连接生产设备、生产线、工厂、供应商、产品和客户，提高工业资源共享的高效性，助力工业领域提高工业生产的自动化程度和智能化程度，实现降本增效，同时进一步延长制造业的产业链，促进制造业向数字化和智能化的方向转型。

近年来，制造业的数字化程度不断提高，智能制造的发展速度逐渐加快，工业互联网平台的应用也越来越广泛。就目前来看，在世界范围内，制造业、信息与通信技术行业以及互联网行业的各大企业均利用自身优势不断加快构建工业互联网平台的速度。现阶段，工业互联网平台正在与各类先进的技术、管理手段和商业模式等融合发展，且已取得了一定的成果。

（1）智能制造新引擎

工业互联网平台是支持制造业实现智能制造的重要基础，也是世界各国推动智能制造快速发展过程中不可或缺的手段。比如，美国已经将发展先进制造业上升为国家战略，并将工业互联网和工业互联网平台作为制造业发展的重要内容；德国政府已经提出了"工业4.0"战略，并在该战略的指导下不断强化自身工业的竞争力。与此同时，美国通用电气公司、美国参数技术公司、达索公司、德国西门子股份公司等世界知名企业也陆续加入研究和使用工业互联网平台的队伍当中。

随着工业互联网平台在智能制造发展过程中的重要性和必要性越来越强，我国陆续出台各项相关政策来支持工业互联网快速发展。2018年7月19日，我国工业和信息化部公布了《工业互联网平台建设及推广指南》和《工业互联网平台评价方法》；2018年12月29日，我国工业和信息化部印发《工业互联网网络建设及推广指南》；2019年3月5日，国务院在十三届全国人大二次会议上将"工业互联网"一词写进《2019年国务院政府工作报告》。

工业互联网中融合了大数据技术和多种数据分析工具，并利用无线网络连接了大量工业设备，能够将用于处理各类任务的人工智能模型应用到分布式系统当中，并利用云计算技术来对控制过程进行升级，提高生产制造的自动化水平。从本质上来看，我国提出的"中国制造2025"与德国的"工业4.0"之间存在许多共同点，如利用先进的信息技术联结大量高层次生产相关的离散信息，利用大数据分析技术优化工业生产过程，推动生产制造走向智能化。

工业革命创造了巨大生产力，升级了原有的生产技术，也改变了原本的社会生产关系，机器逐渐取代人力成为主要生产力，规模化、工厂化的生产也逐渐取代手工生产成为主要的生产形式。在机器大生产时代，工业生产的精细化程度不断提高，工厂与工厂之间的协同配合越来越多，生产设备的数量迅速上涨，这些生产设备的精密化和智能化程度也越来越高。工业领域需要充分整合和分析各项相关信息，提升对各项离散的生产要素信息的感知能力，摒弃以知觉感知为主的信息感知方式，降低信息的局限性和延迟性，并根据生产需求进一步优化生产要素配置，最大限度地优化生产决策。

（2）工业互联网平台的体系架构

近年来，智能传感器的应用逐渐广泛，人们可以借助智能传感器来实时感知离散的生产要素信息，并利用物联网来进行信息传输，利用云平台集成和分析各项生产要素信息，提高制造过程的智能化程度，进而实现智能化生产，打造出服务于工业生产的工业互联网平台。具体来说，工业互联网可以利用智能传感器实时感知生产要素信息，利用无线网将这些信息传输到工业互联网平台，再借助工业互联网平台来分析和优化各项信息，最大限度地优化生产要素配置，进而助力工业领域实现智能制造。

从结构上来看，工业互联网主要包括边缘层、IaaS（Infrastructure as a Service，基础设施即服务）层、平台层、应用层四部分，如图7-1所示。

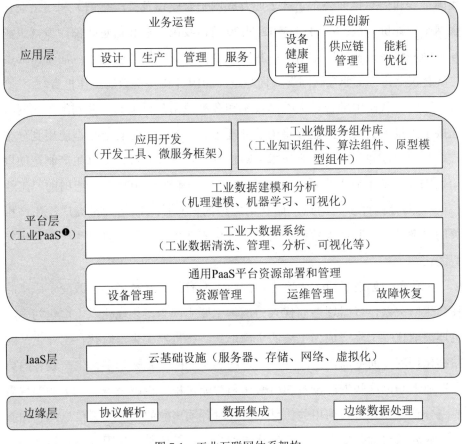

图7-1　工业互联网体系架构

- **边缘层**：具有强大的数据采集能力，既能广泛且深入地采集各项数据，也能对异构数据进行协议转换和边缘处理，在数据层面为建设工业互联网平台提供支持。

- **IaaS层**：融合了虚拟化技术，能够大幅提高计算、存储和网络的资源池化程度，在资源层面提高各项服务的可计量性和弹性化程度。

- **平台层**：具有强大的数据处理能力，既能利用大数据分析技术处理工业数据，积累相关知识，最大限度地优化策略，也能营造良好的开发

---

❶ PaaS：全称为 Platform as a Service，平台即服务。

环境，开发云化的应用。

- **应用层**：具有强大的实践创新能力，能够在各类工业应用场景中充分发挥各类资源的作用，提高工业技术、经验、知识和最佳实践的模型化和软件化程度，并建立工业 App，为用户优化配置各项特定的制造资源提供方便。

7.1.2　工业互联网平台的构建路径

工业互联网平台是面向智能制造的工业云平台，能够连接原材料、产品、生产线、工人、工厂、智能加工设备、供应商和用户，并借助不同部门、不同层级和不同地域的互联信息来对资源配置方案和生产过程进行优化升级，提高工业生产和制造的智能化水平。

（1）工业互联网平台的基础是数据采集

数据是确保工业互联网平台能够发挥作用的关键要素。具体来说，具有智能化和精益化特点的生产线和制造过程对生产要素信息感知的要求较高，工业互联网平台需要借助智能传感器来实时感知不同角度、不同维度和不同层级的生产要素信息。

除此之外，工业互联网平台还要融合海量、高维、多源异构数据，并充分掌握生产要素属性信息，以便精准描述单一生产要素，同时也需要推动不同部门、不同层级和不同地域的各项生产要素之间的互联互通。

（2）工业互联网平台的核心是平台

近年来，物联网快速发展，生产要素的分布层次日渐增多，分布广度不断扩大，各项生产要素之间的关系也越来越复杂，生产要素关系的描述难度迅速提高，因此传统的工业生产方式中的基于数学原理、物理约束和历史经验的决策规则难以充分满足日渐个性化的生产需求，也无法快速适应各种新的生产场景。

与传统的工业生产相比，工业互联网平台融合了大数据和人工智能等先进技术，能够利用海量高维且互联互通的工业数据来对各项决策和相关规则进行深入挖掘，同时二次开发通用的 PaaS 架构，集成来源于不同行业的技术、知识和经验等资源，并将这些资源以工业微服务的方式提供给开发者，从而开发出具有定制化特点的工业 App 和具有开放性和完整性特点的工业操作系统来为各项工业生产活动提供指导。

（3）工业互联网平台的关键是应用

工业互联网平台是一个以工业生产需求为驱动力、以人为服务对象的工业云平台，能够为用户推送便于理解和接受的决策，并充分利用各类数据分析技术，针对新模式的生产场景和个性化的生产需求向用户推送定制化的决策方案。与此同时，工业互联网平台借助第三方开发者的力量或直接自主研发出具有设计、生产、管理和服务等多种功能的云化软件和工业 App，从而达到深入挖掘并大幅提高数据应用价值的效果。

（4）工业互联网平台的构建方式

工业互联网平台能够全面感知、融合、传输、存储和分析工业系统中的各项生产要素信息和相关工业数据，并根据数据分析结果生成最符合当前实际情况的决策。工业互联网平台中不仅融合了云计算技术，还应用了虚拟化、分布式数据存储、编程模式、大数据管理、分布式资源管理、信息安全和平台管理等多种技术。

从硬件上来看，工业互联网平台中的生产要素和传输网络均具有较强的自感知能力，各项设备能够以智能化的方式全方位自我感知自身的运行状态，并利用互联网来联通各项生产要素，进而提高工业互联网对工业系统认知的全面性。从软件上来看，工业互联网平台中有 IaaS 和 PaaS，且融合了人工智能、大数据分析和开源 IaaS 等多种先进技术，能够根据新模式的生产场景和个性化的用户需求进行软件开发，从而为用户提供定制化的工业分析软件，充分满足用户的个性化需求。

7.1.3　工业互联网平台的关键技术

工业互联网平台能够感知和连接原材料、产品、生产线、工厂、工人、智能生产设备、供应商和用户等信息，并充分发挥数据分析技术的作用来对这些信息进行分析处理，以便辅助制造业进行智能制造决策，并借助工业

App 来向用户和智能设备进行信息推送。具体来说，工业互联网平台的关键技术主要包括信息感知技术、信息传输技术、数据分析平台和工业 App 技术，如图 7-2 所示。

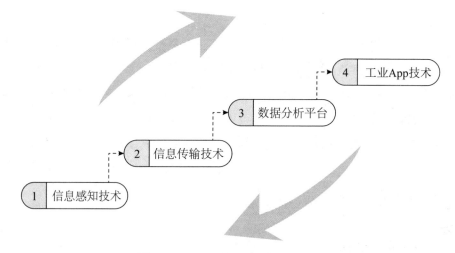

图 7-2 工业互联网平台的关键技术

（1）信息感知技术

为了全方位感知各个部门、层次、地域和领域的工业系统信息，工业互联网平台应充分利用自感知技术和多源异构数据融合技术来广泛采集和整合不同来源、不同形式的各项工业系统信息和边缘层数据，以便精准描述各项生产要素的状态。这主要是因为：一方面，工厂中的设备大多并未装配传感器，且性能水平各异，难以与网络相连接，也难以高效采集各项数据；另一方面，日渐精益化和智能化的生产线以及生产过程需要利用智能传感器从不同的角度、维度和层级全面实时感知生产要素信息。

一般来说，工厂中使用的传感器、仪表、可编程逻辑控制器（PLC）等设备的生产厂家各不相同，这些设备在通信协议等方面也存在差异，因此工厂需要探索有效整合来自各类传感器的信息的方法。除此之外，大规模的生产车间和生产设备也加大了巡检的难度，工厂还需进一步优化巡检模式，提高巡检效率，并通过远程管理的方式来有效管理各项生产设备和相关人员。由此可见，边缘层通常需要解决以下几项问题：

①设备接入：管理和连接各项工业设备；

②协议解析：借助协议转换来联通各项工业数据信息；

③边缘数据处理：利用边缘计算技术去除错误数据，并进行数据缓存和边缘实时分析，为数据传输和数据计算环节减负。

研华 WISE-PaaS 工业物联网云平台为了有效解决以上三项问题专门为工厂提供了 WebAccess、WISE-PaaS/Edge Sense、WISE-PaaS/VideoSense 解决方案。其中，WebAccess 是各个工厂广泛应用的解决方案，能够帮助用户打破信息壁垒、优化制造流程、减少在时间和人力等方面的成本支出，并广泛连接数据库系统、制造执行系统、数据采集与监视控制系统等各类系统和控制设备，实现资源共享，同时也可以实现实时化、可视化、无纸化的生产管理，进一步强化市场竞争力。

（2）信息传输技术

工业互联网平台应具备集成以及实时存储和传输工业数据的能力。具体来说，物联网的传输层能够利用自身的传输功能来传递和处理来自感知层的各项信息。无线传输是传输层中应用较为广泛的一种传输方式，通常可以根据传输距离分为局域网通信技术和广域网通信技术两种类型。其中局域网通信技术大多用于短距离的信息传输，主要包括 Zigbee、Wi-Fi、蓝牙等，广域网通信技术则指低功耗广域网（Low Power Wide Area Network，LPWAN）技术。

工业互联网平台需要借助协议转换的方式来接入来自传感器和其他设备的数据信息。工业互联网平台既可以利用中间件和协议解析等技术手段来统一 Modbus、OPC、CAN、Profibus 等协议和接口的格式，也可以借助超文本传输协议（Hypertext Transfer Protocol，HTTP）和消息队列遥测传输协议（Message Queuing Telemetry Transport，MQTT）等协议来远程传输来自边缘层的数据。具体来说，工业互联网平台在进行协议转换的过程中所使用的 Modbus 能够实现短距离设备连接，MQTT 具有可扩展等特点，能够支持远程全局通信。

（3）数据分析平台

工业互联网平台应具备强大的数据处理能力以及灵活运用大数据分析、

人工智能等先进技术的能力，以便实时处理和深入挖掘各项工业数据，并综合运用专家经验、物理知识和数学知识等和各项工业数据为工业生产决策提供支持。

具体来说，工业大数据应用面临着碎片化（broken）、质量差（bad quality）和隐藏背景（background below the surface）三项挑战，如图 7-3 所示。

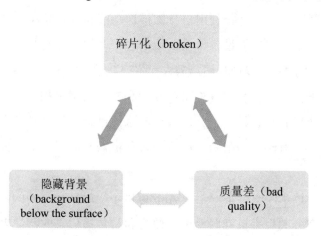

图 7-3　工业大数据应用面临的三项挑战

①碎片化：工业大数据对数据全面性的要求较高，例如，在地铁发动机性能分析环节，相关人员必须全面掌握温度、功率和空气密度等多项参数才能构建完整的性能评估和预测模型并精准分析出地铁发动机的性能情况。由此可见，企业在采集数据时需要先明确分析对象和分析目的，并制定相应的规划方案，充分确保数据的全面性，以便在数据层面为有效解决问题提供强有力的保障。

②质量差：工业大数据对数据质量的要求较高，企业需要打破传感器、通信协议、组态软件和数采硬件模块等技术因素和工业环境因素的制约，提升自身的数据质量管理能力，并优 1 化数据质量管理技术。

③隐藏背景：工业大数据与工况、环境和设备参数设定等背景信息息息相关，企业在进行数据分析时既要分析数据的表面统计特征，也要对照着具有一定参考性的数据分析和挖掘数据中的背景相关性。一般来说，这类数据通常包含工况设定、维护记录和任务信息等内容，具有数据量小、作用大等特点。

总而言之，工业互联网平台大数据分析既需要使用大数据分析技术，也离不开对数据清洗和数据融合的深入研究，同时还需要进一步处理各个学科、领域和背景下的知识，并综合运用各项知识和大数据分析技术来提高分析结果的精准度。

（4）工业 App 技术

工业互联网平台应充分利用自身的推送功能和传输功能来向用户实时推送数据分析结果，向智能设备传输决策信息，并积极开发服务于新模式场景和个性化需求的 App，以便从用户需求和生产需求出发来推送各项相关信息。工业互联网平台还需要利用各类工业知识和数据模型来构建工业 App，并借助工业 App 来转换协作模式。具体来说，这种封装了工业知识的工业 App 能够打破知识应用对时空的限制，快速为人和机器赋能，为工业设备和业务提供驱动力。

在互联网技术的支持下，工业 App 可以不受时间和空间的限制，在智能制造系统中充分利用手机互联易用、便携和易传播信息的特性来提高顾客与生产商、供应商和经销商之间的联系的紧密度，增强制造业中的销售市场的敏感程度和信任程度。

7.1.4 工业互联网平台的应用场景

工业互联网平台主要有加工过程优化、资源管理优化和市场决策优化三个应用场景，如图 7-4 所示。

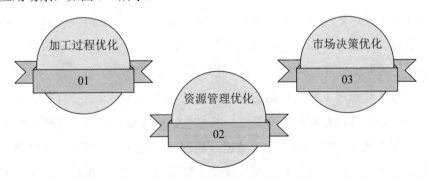

图 7-4 工业互联网平台的应用场景

（1）加工过程优化

工业互联网平台具有强大的感知功能，能够实时感知加工过程中的设备运行数据和加工工艺数据，并综合运用这些数据和原材料、人员配置、设备状态、质量检测数据等信息来对加工过程进行优化。

工业互联网具有强大的数据处理功能，能够利用大数据分析技术处理各项加工工艺参数，明确各项数据之间的关系并构建工艺参数与产品质量之间的映射，以便找出能够优化加工过程并提高产品质量的加工工艺参数。以美的集团为例，美的通过利用工业互联网平台来调整加工工艺参数的方式将产品的合格率提高了 2.2%。

不仅如此，工业互联网还可以根据设备的历史运行数据和历史运行状态来判断检测参数和设备运行情况的关系，并据此进行进一步分析得出设备运行状态的变化规律，以便远程监测设备状态并预测设备的使用寿命，从而对设备进行预防性维护。

（2）资源管理优化

工业互联网平台既可以连接起不同部门和层级的生产要素，也可以深入、细致、全方位地描述生产制造的整个过程，并对生产制造全过程的资源配置进行全面优化。与此同时，在工业互联网平台中，生产端可以更快获得用户需求相关信息，并针对用户需求快速制定和执行相应的配置方案，提高生产制造的柔性化程度。

工业互联网平台能够实现生产要素信息全面互联互通，并精准描述出各项生产要素在生产加工过程中的能耗、运输成本、空间占用情况等具体资源利用情况和状态，以便在全方位统筹各项相关要素的前提下制定资源配置方案，并最大限度地对该方案进行优化。以福特汽车为例，施耐德电气的 EcoStruxure 平台能够帮助福特汽车公司采集其在美国国内设施的电力数据，并利用云管理系统对这些数据进行分析和管理，从而将设备的能耗降低了 30%，将其在能源方面的支出减少了 2%。

此外，工业互联网平台可以凭借自身的感知能力来感知各项生产要素在整个制造系统中流转的影响，并根据新模式的生产场景和个性化的生产需求制定响应速度快、柔性化程度高的生产要素配置方案，充分满足产品定制需求。

以海尔集团为例，COSMOPlat 平台能够帮助海尔广泛采集和分析用户需求信息，并针对分析结果进行个性化定制，进而为用户提供符合其个性化需求的洗衣机。

（3）市场决策优化

工业互联网平台既连接起了供应商、制造商、销售商和消费者，也可以通过对历史消费数据的分析来实现对市场需求的精准预测，同时也可以深入分析短期市场行为，根据分析结果来进行风险预测，以便及时进行有效的风险管控。

工业互联网平台能够凭借自身的感知能力获取产品全生命周期信息，并通过对这些信息的分析来掌握各项生产要素在产品的整个生产过程中的耦合关系，同时深入分析各项相关历史数据，并根据数据分析结果来预测未来所需的产品种类和产能。工业互联网平台还具有全局信息感知能力，能够实时采集全局信息，并借助这些信息实现风险预测，从而根据预测结果优化调整生产制造计划和资源配置方案，达到降低风险水平的目的。

7.2 工业互联网的网络关键技术 ›

7.2.1 工业互联网网络技术架构

工业互联网即是通过新一代信息通信技术在工业领域的融合应用，构建连接人员、机器、物料、企业等参与要素的，覆盖全价值链、全产业链的工业服务体系。它可以促进基础设施完善、应用模式创新和工业生态高效化，从而适应智能化、数字化时代的工业发展需求。工业互联网的连接还具有多主体、多要素、技术多元、融合开放的特点。

从工业互联网发展目标的角度看，工业互联网集成了运营技术（OT）、信息技术（IT）和通信技术（Communication Technology，CT）等多项技术，这三项技术虽然具有共通性，但发展路径有所不同，如表 7-1 所示。

表 7-1　OT、IT 与 CT 的概念比较

网络技术	概念特性
OT	融合了计算机技术的自动化运营技术，高安全、高可靠、低功耗是其发展目标
IT	基于计算机技术的互联网软件技术，具有强大的数据处理能力和人性化的显示操作，能够灵活部署在各类生产设备中
CT	与计算机技术紧密联系的通信技术，其高速率、大带宽、广覆盖的性能优势可以支撑各类场景中的信息传递

下面我们对 OT、IT、CT 这三种网络技术进行简单分析。

（1）OT 网络

OT 网络通过现场总线、工业以太网、TSN（Time-Sensitive Network，时效性网络或时间敏感网络）的相互连接，实现具体场景中的生产控制。

该网络所承载的典型系统主要有分布式控制系统（Distributed Control System，DCS）、数据采集与监视控制系统（SCADA）、可编程逻辑控制器（PLC）、安全仪表系统（Safety Instrumented System，SIS）和工业网关等。

（2）IT 网络

IT 网络则是整合了广域网、局域网、边缘计算网络等不同网络层面，为各类软件信息系统提供支撑。该网络所承载的典型系统主要有制造执行系统（MES）、企业资源计划（ERP）、仓储管理系统（Warehouse Management System，WMS）、企业资产管理系统（Enterprise Asset Management，EAM）等。

（3）CT 网络

CT 网络主要是指工业场景中的公共通信网络，其中运用了 WLAN、蜂窝通信、低功耗广域网等技术。CT 网络的部分技术是 IT 网络、OT 网络的关键，可以有力促进 IT、OT、CT 三者的融合。例如 CT 网络涉及的 5G 技术具有低时延的特点，为 OT 网络中信息传递效率与终端设备控制提供了可靠保障；另外，通过引入网络切片技术，可以满足 IT 网络中各类系统、应用多样化的连接需求，由此实现"一张网"覆盖下的生产与办公。

随着工业场景中 IT 网络、OT 网络、CT 网络的加快融合与互通，新的组织方式和技术将有力驱动数据整合，从语义层面促进系统数据的交互，促进工业互联网应用落地。另外，工业互联网有望覆盖产业链上下游，并根据信息传递需求与工厂内网联通，使工业互联网网络的连接范围进一步扩大。

OT、IT、CT 虽然有技术交叉，但各属不同领域，并往不同的方向上演进发展形成了庞杂的体系。人们对工业互联网的构想则是通过建立各层面（如生产制造、供应链、产业链、企业管理等）、要素之间的连接，促进 OT、IT、CT 的技术融合，从而在统一体系内实现网络互联、数据信息互通与系统共享。因此，工业互联网落地应用的关键在于保障工厂内网的畅通，为各类设备、仪器的运行和生产制造活动提供支撑，这也是促进 OT、IT、CT 三者融合的必然要求。

7.2.2 网络互联技术

工业互联网具有网络互联、数据互通、系统互操作三大基础功能，工业互联网网络技术协议视图如图 7-5 所示。其中，网络互联对应 TCP/IP 参考模型的传输层、网络层和链路层，为传输层传送、网络层转发和设备网络接入提供支撑；数据互通对应的是 TCP/IP 参考模型的应用层，可以辅助实现不同系统之间数据信息的快速传递，支持信息模型构建、应用层通信等功能；系统互操作主要是指系统间通过高效的信息交互实现协同，满足各种控制需求。

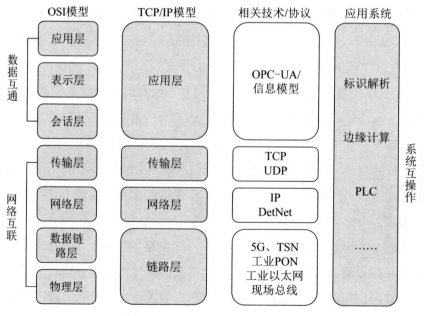

图 7-5　工业互联网网络技术协议视图

目前，主流的工业互联网网络通信技术可以分为现场总线技术、工业以太网技术和工业无线网络技术三类。

（1）现场总线技术

现场总线（Field bus）是一种连接自动化系统和现场设备的数字通信网络，具有多分支结构，可以支撑设备与系统间实时的数据交互，总线协议主要有CAN（Controller Area Network）、Modbus 和 Profibus 等。

（2）工业以太网技术

工业以太网（Ethernet for Plant Automation，EPA）是一种主要应用于工业系统控制层的广播型网络，其技术涉及冲突检测、载波监听多路访问等，PROFINET、Ethernet IP、Modbus TCP、EtherCAT、Powerlink 都属于该类网络，而时间敏感网络（TSN）作为以太网技术演进发展的新兴成果受到了广泛关注。

TSN 技术基于以太网 IEEE 标准，提供了一组能够保证通信时效的协议和机制，它具有时间同步、流量调度与整形、通信路径预留与容错、数据传输优先级控制等关键特性，在流管理、流控制方面的性能进一步提升，可以为时间敏感型业务提供高可靠、低时延、可预测、低抖动的传输服务。同时，可同步化、分布式的硬实时（Hard Real-Time）系统能够支持来自异构性网络和多业务流的数据的实时传递。TSN 的确定性时延、带宽保证、统一时间基点等方面的优势，使其具备更为灵活的网络管控能力，从而促进 OT 与 IT 的融合，保障系统稳定运行。

（3）工业无线网络技术

工业无线网络（Industry Wireless Network）主要为各类移动设备提供数据交互通路，同时也应用于难以连接线缆的场景中，此类网络包括 Bluetooth、WLAN、WIA-PA/FA、WirelessHART 和 5G 等。

第五代移动通信技术（5th Generation Mobile Communication Technology，简称 5G）作为有着高容量、高可靠、高速率、低时延等特性的新一代宽带移动通信技术，具有增强移动宽带（eMBB）、超高可靠低时延通信（uRLLC）和海量机器类通信（mMTC）三大应用场景，具体内容如表 7-2 所示。

表 7-2　5G 技术的三大应用场景

应用场景	具体内容
eMBB 场景	是目前工业生产中最常见的业务场景，能够满足有着高数据传输速率、大带宽、对资源占用率高的业务需求，可用于传输超高清图片、视频等数据信息
uRLLC 场景	主要面向实时性较高的业务需求，为现场级 OT 网络的构建提供支撑，基于 QoS（Quality of Service，服务质量）监控机制和冗余传输机制，可以有效降低传输时延，提高传输确定性
mMTC 场景	能够满足大容量连接的物联网业务需求，考虑到功耗和成本问题，其实际应用的性能还处于探索阶段

7.2.3　数据互通技术

在 IT 与 OT 融合的背景下，实现多来源、不同结构的数据信息的高效传递是基本要求之一。现阶段，在数据互通方面涉及的技术主要有：基于现有协议的转换技术和基于语义的工业互联网信息模型技术。

（1）协议转换技术

为了实现跨通信协议的数据传递，业界、学界有学者在协议转换方面深耕多年，取得了一定成果。例如，有学者基于数据链路层互联技术，通过在不同协议网络之间增加协议转换网关的方式，实现了工业现场 Profibus 总线与 Modbus 总线之间数据的互通。这种方法不必改变网络体系结构，是一种较为便捷的数据连接方法。

（2）信息模型技术

广义上，信息模型是一种用来定义信息常规表示方式的途径。就打通不同协议网络数据连接的角度看，信息模型是一种通过定义统一的框架及描述形式实现异构信息交互的方法。目前，主流信息模型在工业垂直领域有着广泛应用。与当前工业系统类似，不同厂家、不同领域的信息模型的通用范围是有限的，下面我们对几种常见的信息模型进行简单介绍，如表 7-3 所示。

表 7-3　常见的信息模型

信息模型技术	主要内容
基于 Instrument ML 的信息模型	主要为各类仪表数据信息传递构建标准化框架，框架中包括仪表应用属性信息和仪表身份标识信息等
基于 Automation ML 的信息模型	主要为各类生产系统工程数据的传递构建标准化框架，促进信息集成与交换，其应用场景覆盖了自动化产线机器人、机械臂等
基于 Pack ML 的信息模型	主要作用于信息化应用层，在对包装过程的描述方面，实现了对操作模式与机器所处状态的信息标准化。例如 OPC UA 是一种面向垂直方向设备的互操作规范，通过与行业信息模型、通用信息模型结合，可以为机床信息模型、机器人信息模型、塑料加工机械信息模型、机器视觉信息模型等模型的构建提供支撑

在工业互联网的建设背景下，要实现多层级、跨领域信息的相互传递与操作，就需要不断优化完善信息模型，并改进、探索、创新工业互联网信息模型的关键技术，从而推动产业发展，实现 OT、IT、CT 等相关技术的融合。

7.2.4　系统互操作技术

系统互操作技术通常应用在分布式平台上，尤其是那些需要协同配合并实时进行应用处理的工作场景中。系统互操作的实现方式主要有两种，如表 7-4 所示。

表 7-4　系统互操作的实现方式

实现方式	具体内容
自上而下	即在开放式系统架构、系统参考模型的基础上，将行为协调、系统柔性升级等能力集成到软件平台中，面向边缘计算的融合网络架构即是如此
自下向上	基于具体设备的交互接口、数据格式、模块化硬软件和标准化传输协议的属性，开发、构建软件复用、信息交互、硬件互换等功能，例如依托于工业互联网标识解析体系的数据共享机制构建合适的功能应用

（1）边缘计算技术

边缘计算是一种将计算过程下沉到应用程序边缘侧的分布式计算模式，其计算任务是在数据源附近执行，不仅可以获得更快的网络服务响应，还能够为原有的云计算中心分担部分或全部算力资源，缓和了海量工业数据带来的算力占用、网络延迟与低时延、高效率的系统控制的矛盾，从而实现对应用程序、设备的实时控制。对边缘侧数据的预处理，可以有效提高数据处理及分发效率、缩短响应时间。

（2）标识解析技术

工业互联网领域所运用的标识实际上是一种辅助系统识别产品、机器、算法、工序等资源的身份符号。该技术的实现涉及数据采集、标识注册、标签管理、标识解析、数据处理和标识数据建模等环节。其中，对标识的解析过程就是通过标识编码获取解析对象相关信息或网络位置的过程；标识数据建模就是构建满足特定领域应用需求的标识数据服务模型，在统一标识的基础上，明确对象在不同系统之间的关联关系，以满足系统的信息服务需求。

在工业互联网标识解析体系中，可以依托于规定的"身份标识"和数据共享机制，对目标对象的数据进行关联和管理，为追溯工业数据源全生命周期并进行有效管理提供条件，为后续工业大数据智能分析及应用奠定基础。

在边缘计算架构中，边缘系统与终端系统的互操作性主要体现在以下两个方面：一是数据互操作，数据在边缘及终端均可兼容，边缘设备能够直接处理终端数据；二是服务功能互操作，即将终端任务分割为若干个子任务直接在边缘设备执行。

7.2.5　工业互联网网络发展趋势

工业互联网网络的发展主要呈现出以下几个方面的趋势，如图 7-6 所示。

01	02	03
OT网络不断开放	IT网络不断下沉	CT物联属性增强

图 7-6　工业互联网网络的发展趋势

① OT 网络不断开放。随着工业生产自动化程度不断提高，接入的设备也更加多样，为了对各类设备进行精准控制，对数据信息关联分析的需求也

逐渐凸显，这就要求进一步开放 OT 网络，提升 PLC 控制器、DCS 与现场设备、上位机的网络协同能力。同时，基于控制需求的拓展，云化 PLC、可用于边缘复杂计算的 PLC 等终端逐渐产生。

②IT 网络不断下沉。网络功能虚拟化、软件定义等技术的发展，使硬件资源的线上化、虚拟化程度提高，且应用、操作更为灵活，以通用系统实现专用设备功能逐渐形成一个重要趋势。云计算的架构可以与多种工业场景适配，从而以软件功能性能的提升带动硬件系统功能的提升。

③CT 物联属性增强。随着通信技术（尤其是 5G 通信）的发展，通用 CT 网络为设备控制可靠性、精准性提升提供了条件。在实际工业生产的多个方面，已经制定出相应的确定性、低时延等方面的技术指标。同时，信号传输的差异化服务供给能力得到强化，可以有效满足多种工业设备的控制、通信需求。

为了顺应以上工业互联网网络的发展趋势，推动工业互联网与数字孪生在工业领域的应用，可以参考以下几点建议。

（1）加强工业互联网异构网络融通

基于当前网络互通情况，促进异构网络进一步融合，赋能数据高效采集、快速传输、深度信息挖掘和异构资源协同使用，为上层工业互联网应用提供有力支撑。在部署新型生产控制网络时，需要根据通信需求对网络设备、工业设备进行升级，引入 5G 网络并探索与生产作业需求匹配的融合组网模式，构建扁平化的网络架构。

（2）加快工业互联网网络标准化制定

随着工业生产、网络融合实践的不断发展，新型工业互联网网络技术标准的制定也要跟上实践步伐，为工业活动提供规范化的标准体系。具体可以结合行业特征、5G 网络等，制定相关融合应用标准。同时，加强工业互联网关键技术、困难问题和产品标准攻关，推动促进工业互联网软硬件产品的完善升级，推进工业互联网相关技术与标准制定的互动发展。

（3）拓展 CT 技术在网络体系中的应用

从发展潜力看，CT 技术对工业互联网网络体系的发展有着重要的推动作用。由此，需要进一步提升该技术的性能指标，以满足工业互联网发展过程中对时延、可靠性、连接容量、安全性等提出的更高要求，使工业无线网络高效率、智能化、自组织、部署灵活等优点得以充分发挥，提升产品、服务的质量和供应量、生产链的适应性。

7.3 数字孪生与工业互联网融合 》

7.3.1 数字孪生驱动的工业互联网

随着相关技术的发展，数字孪生有了更加广阔的应用空间和更加多元的应用场景，而工业互联网的应用也进一步延伸了数字孪生的价值链条和生命周期，为数字孪生充分发挥自身在模型、数据和服务等方面的作用提供了支持，使其可以在更多场景中落地并不断迭代优化。

数字孪生可以根据物理实体的状态实时分析处理各项相关数据和模型，并在此基础上对物理实体进行监测、预测和优化。与此同时，数字孪生还能够连接起设备层和网络层，广泛采集工业系统中的碎片化信息，并将这些信息上传到工业互联网平台中，为工业互联网平台获取信息提供助力。不仅如此，数字孪生体还可以根据自身的成熟度重新组装各项颗粒度不同的工业知识，并通过工业 App 来随时随地进行取用。具体来说，工业互联网与数字孪生的关系如图 7-7 所示。

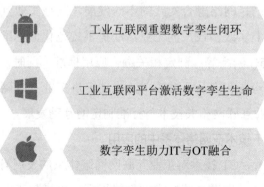

图 7-7　工业互联网与数字孪生的关系

（1）工业互联网重塑数字孪生闭环

数字孪生能够利用多种数字化技术来根据物理实体构建高度还原的虚拟模型，并借助该模型实现对物理实体行为的模拟、分析和预测，进而推动信息技术和制造业深度融合。数字孪生在工业领域的应用能够集成多种制造工艺，优化产品设计、产品制造和智能服务等各个环节的工作，从而在技术层面为数字化企业实现高质量发展提供支持。

计算机辅助设计（CAD）系统、产品生命周期管理（PLM）系统等软件均与数字孪生关系密切，在工业互联网面世后，网络的联通效用得到了进一步提高，各类数字孪生相关软件以及硬件设备开始在资产管理、产品生命周期管理、制造流程管理等多个领域中发挥作用，同时不断加强各个相关领域之间的联系。

（2）工业互联网平台激活数字孪生生命

制造业的快速发展为数字孪生在各个数字化企业中的应用打下了良好的基础。具体来说，模型和数据是数字孪生的核心，制造领域的企业在构建虚拟模型和分析数据信息时离不开专业知识的支撑，因此需要利用工业互联网来获取相关专业知识，并通过工业互联网平台来进行模型共享和数据分析外包。

企业需要利用工业互联网来采集和交流物理实体的各项数据信息，利用工业互联网平台来进行资源整合、动态配置和供需对接，并充分发挥工业互联网的作用为数字孪生赋能。从实际操作方面来看，在工业互联网平台的支持下，工业领域的数字化企业既可以连接起数字孪生体和边缘侧的基础设施，也可以在云端传输和存储数据，同时还可以在平台中构建符合自身实际需求的数字孪生体。

（3）数字孪生助力 IT 与 OT 融合

工业互联网是企业推进数字化转型工作时必不可少的工具，数字孪生是企业实现数字化过程中提高信息技术（IT）和操作技术（OT）相关要素融合速度的重要技术，数据是提高 IT 和 OT 融合质量的关键要素，因此企业在进行数字化转型时必须对数据进行科学合理的处理和安排。除此之外，工业互联网的应用也有助于加强 IT 和 OT 之间的联系，建立具有软件定义、数据驱动和模式创新等功能的生态环境，并利用数字孪生来提高数据和技术融合的速度。

数字孪生在产品设计环节的应用通常可以通过对数字模型与物理实体之间的互动过程的分析实现对产品设计的展示和预测。以数字孪生为技术基础的产品设计大多利用了物理实体的虚拟映射，能够通过对大量数据信息的深入分析来获取知识信息，并利用这些信息来创新产品设计。

工业互联网平台可以根据设计人员上传的设计需求为其提供相应的数据服务、算法服务和模型，并对各项服务和模型进行组合、调用，最后向设计人员反馈数据处理结果。由此可见，互联网平台支持 IT 和 OT 根据实际需求进行融合。设计人员在利用工业互联网平台完成对产品功能和组件的设计工作后还需对质量和可行性进行测试。从实际操作上来看，设计人员可以利用数字孪生在虚拟空间中模拟产品的运行状况，实现虚拟化的产品设计和产品运行，并借助服务搜索、服务匹配和服务调用等方式来推动模型服务落地。不仅如此，数字孪生在产品设计中的应用也能有效提高预期行为和设计行为的一致性，进而减少产品设计方案的调整次数，达到缩短设计周期和减少设计成本支出的效果。

7.3.2 数字孪生赋能工业互联网发展

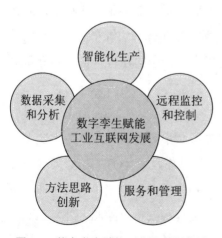

图 7-8 数字孪生赋能工业互联网发展

近年来，基于数字技术和信息技术的数字孪生逐渐被应用到工业领域当中，驱动工业互联网技术快速发展。数字孪生技术能够利用虚拟仿真、数据分析和人工智能等先进技术以数字化的形式展现物理世界中的事物，实现物理世界和虚拟世界的融合。

具体来说，数字孪生技术在工业领域的应用能够从以下几个方面驱动工业互联网快速发展，如图 7-8 所示。

（1）数据采集和分析

数字孪生技术能够实时采集物理世界中物体的状态数据，并将这些数据转化为数字孪生模型的数据，再借助机器学习和深度学习等算法进行智能化的数据分析。根据数据分析结果来预测物理实体的运行状态，了解物理实体中的异常情况，掌握物理实体中存在的风险等信息，以便及时针对这些信息对当前的生产计划和运营管理方式进行优化调整，达到提高生产效率和产品质量的目的。

（2）智能化生产

数字孪生技术能够将物理世界中事物的状态、功能、结构、性能和行为等映射到数字化的虚拟世界当中，并在虚拟世界中构建可用于虚拟仿真实验的数字孪生模型，借助该模型来完成产品设计优化、工艺流程优化和设备调试等工作，从而提高工业生产的智能化水平。除此之外，数字孪生技术还能够以虚拟现实的方式来帮助工业领域的工作人员找出工业生产各个环节和场景中存在的风险隐患，以便及时防范，降低事故的发生率。

（3）远程监控和控制

数字孪生技术能够利用数字化技术构建基于物理实体的数字孪生模型，并将其接入互联网当中，借助云计算技术来广泛采集物理实体状态数据，利用网络来将这些数据传输至远程服务器当中，从而通过对数据的远程分析和梳理来实现对数字孪生模型的远程监控和控制，这既有助于及时优化生产计划和生产流程，也能够有效提升生产效率和产品质量。

（4）服务和管理

数字孪生技术能够将数字孪生模型接入工业互联网中，并充分发挥数据分析和人工智能等先进技术的作用，全方位提高工业领域在生产流程、设备运行和人员管理等方面的智能化程度，进而助力工业领域的企业实现对生产运营的智能化、精细化管理，达到提高管理效率的目的。

（5）方法思路创新

数字孪生技术能够将大数据、区块链、人工智能等多种先进技术融入数字孪生模型中，并利用虚拟仿真和数据分析等技术手段对产品设计、产品制造、工艺开发、工艺应用、业务模式创新、业务模式发展等进行优化升级，提高整个产业在数字化、智能化和绿色化方面的水平，从而在技术层面为产业实现创新发展提供强有力的支持。

7.3.3 基于工业互联网的数字孪生技术

作为工业智能化升级过程中必不可少的关键技术，数字孪生与工业互联网的关联十分密切。工业互联网不仅能够为数字孪生提供丰富的应用场景，其相关技术的进步也有助于推动数字孪生技术的发展。

（1）连接生命周期管理技术

工业互联网平台具有较强的物联能力，既能够与数字孪生体共同作用，将各类物理实体接入网络，也能在一定程度上对各项相关数据进行处理。但就目前来看，协议库无法有效解决网络连接问题，数字孪生的相关应用还不够成熟，异常识别、连接修复、异常数据剔除等问题难以解决。由此可见，为了充分确保数字孪生的可用性，工业领域的企业还需继续探索，提高网络连接的持续性、稳定性和准确性。

①设计思路。在设计环节，设计人员既要在物模型和连接模型之间搭建松耦合关系，也要通过引用物模型的方式创造具有复合物模型的高阶建模环境，以便有效解决连接对象保持不变但连接手段发生变化的问题以及在工业互联网平台中对数字孪生体的服务器操作系统架构进行高效复刻的问题。

②建模工具。在建模环节，工业领域的企业应充分发挥数字孪生建模工具的作用，实现对物模型和连接模型之间的属性映射以及对派生属性的代码构建，通过采集多个点位的组合逻辑计算的方式来掌握设备的作业状态相关信息，丰富派生属性应用场景，以便为数字孪生体构建更加完善的信息集合。

③技术手段。在技术应用环节，工业领域的企业可以利用"事件 – 条件 – 动作"（Event-Condition-Action，ECA）机制来提高派生属性的构建速度，制定能够发现异常数据的报警规则，并实现连接问题诊断。

④模型范围。在模型化管理环节，工业领域的企业可以通过打造具有泛

在连接环境的数字孪生体的方式来实现对物模型、连接模型以及所有资产和拓扑结构的模型化管理，并借助时间拉链实现对各项变更记录的全方位追踪和管理，提高连接适配的自适应程度。具体来说，当网关被更换时，连接模型也会找出与其对应的连接对象进行绑定，网关将会接收到协议和驱动等连接指令，物模型和连接模型也会在网关更换场景下自动重新关联，而新旧连接模型的数据也会与物模型的数据进行自动合并。

⑤数据链路。在数据处理环节，工业互联网应控制端、边、云侧的异构数据"抽取－转换－加载"（Extract-Transform-Load，ETL）工具的部署数量，从自身实际需求出发对 ETL 工具进行统一的多级部署，以便缓解多级数据处理方面的问题，减少在问题数据排查和分析工作中所消耗的人力；与此同时，工业互联网还应打造并充分利用对计算资源和计算服务的状态具有监控作用的监控与诊断系统（Monitor and Diagnosis System，MDS），在端、边、云侧按需选择 Fail-Over、Fail-Fast、Fail-Back、Fail-Safe 四种容错机制，确保容错机制与实际问题之间的匹配度，从而提高问题解决的有效性，例如，Fail-Back 大多被用于解决边缘侧的网络风暴等问题。

（2）从数据采集到指标呈现的一体化计算技术

数字孪生在实时数据计算方面有着极高的要求，工业互联网可以看作一个融合了大量物联网数据的大数据平台，其在数据计算方面的需求主要包括以下两种类型：

①纯粹的工况数据聚合。工业互联网平台需要利用 Historian API 来累计聚合一些简单的数据，利用 Flink 的 Window 机制来聚合一些短时间内的 Tubling/Sliding Window，并生成聚合结果，向特定的数据源进行结果输出。

②面向业务对象的工况数据聚合。工业互联网平台需要先连接工况数据和业务对象，再进行模型计算，最终向相应的数据集传输模型数据的计算结果并进行存储，为数字孪生的实时数据计算提供应用程序编程接口。

由此可见，工业互联网平台的大数据计算引擎需要重点突破以下三大技术难点，如表 7-5 所示。

表 7-5　大数据计算引擎需要重点突破的技术难点

序号	主要内容
1	基于滑动时间窗口的计算性能优化，即算法优化
2	流批一体的计算任务的编排，按需配置流式计算，提升计算资源的使用效率
3	异常数据的处理，如后序数据先到、断点续传等物联网特有的情况，如果处理不当则会导致滑动时间窗口的水平线产生错误，这往往需要计算引擎配合 ECA 共同解决

近年来，大数据技术和大数据计算引擎日渐成熟，但在数据计算的实时性方面还存在许多不足之处，大多数组件为偏 IT 的应用组件，并不能有效解决以上三项问题。若要确保数字孪生应用开发的高效性，不仅要充分发挥大数据计算引擎的作用，还需应用 AI 数据分析工具和高度配置的可视化工具。

①AI 数据分析工具。工业互联网平台可以利用 AI 数据分析工具探索边界条件、过程参数和最终指标之间的机理关系，优化各项相关指标。就目前来看，相关开源工具和商业化工具的种类十分多样化，同时市面上也涌现出了大量具有工艺优化和设备效能提升作用的工程应用。

②高度配置的可视化工具。工业互联网平台可以充分发挥 WebGL 技术的作用，通过漫游图和爆炸图等形式来对各项相关指标进行三维的个性化展示，就目前来看，一些企业已经能够为用户提供可视化的零代码开发平台或低代码开发平台，甚至部分企业还会为用户提供以物联网数据为驱动力的可视化技术服务。

由此可见，AI 的应用有助于工业互联网平台进一步优化指标，但在生产过程中，工业领域的企业还需利用可视化工具来进行对比对照，这不仅能够在一定程度上避免各类问题，也能够为其优化指标提供支持。

7.3.4　面向工业物联网的数字孪生应用

从生命周期维度上来看，以工业互联网为基础的数字孪生应用大致可分为产品设计、工艺优化、虚拟工厂和远程维护四种类型，如图 7-9 所示。

图 7-9 面向工业物联网的数字孪生应用

（1）产品设计

传统仿真技术在硬件在环、软件在环和人员在环等方面的应用已经经过了较长时间的发展，物联网技术也早在工业互联网概念出现前就已经开始为仿真技术提供底层支撑，就目前来看，仿真技术和数字孪生技术之间没有明确的分界线，与工业互联网平台相比，基于模型的系统工程（MBSE）在产品设计的数字孪生中起到了更大的支撑作用。

（2）工艺优化

计算机辅助工程（CAE）软件的应用时间较早，应用范围也较为广泛，具有极大的生产潜力，能够在电子、造船、航空、航天、建筑和汽车等多个领域中发挥作用。

传统 CAE 大多存在数据需求量大、数据模拟工作量大、数据模拟次数多、数据计算效率不高、数据计算时间过长、工艺优化水平较低、覆盖领域不足等问题。工业互联网平台的应用能够有效解决这些问题。具体来说，工业互联网平台可以综合运用物联网和人工智能技术高效构建仿真参数数据库，同时综合运用大数据和人工智能技术来明确工艺参数和结果之间的机理关系，为优化升级各个专有领域的工艺提供支持。

（3）虚拟工厂

近年来，数字孪生应用飞速发展，对工业互联网平台的需求也越来越紧迫。不同层级的数字孪生的关注重点各不相同。具体来说，设备级的数字孪生的关注重点是设备的预测性维护和制造执行的稳定性，单元级数字孪生和产线级数字孪生的关注重点是对生产作业过程的优化，车间级数字孪生和工厂级数字孪生的关注重点是利用中枢大脑对整体运行情况进行管理和控制，供应链级数字孪生和产业链级数字孪生的关注重点是优化配置广域资源和上下游的生产协同。

虚拟工厂的三维模型大多具有承载指标的作用，不需要进行定量几何分析，且其承载的指标可作为数字孪生的核心。工业互联网平台既能够融合 IT 和 OT 数据，构建数字孪生指标，也能够对数字孪生指标进行实时的智能化分析，同时还能针对指标对业务流程进行创新。

（4）远程维护

在技术方面，数字孪生应用主要涉及以下两种技术路线：

①企业可以借助工业互联网平台建立具有预测性维护作用的健康类指标，最大限度地优化时空和经济上的维护服务，大幅提高维护的远程化和少人化水平。

②企业可以将维护工作前置，在产品设计或采集需求信息环节开始着手安排维护工作，并创新维护方法，革新维护流程，同时充分发挥以模型为基础的系统工程的使能作用。

综上所述，数字孪生在虚拟工厂和远程维护方面对工业互联网平台的需求十分紧迫，在工艺优化方面对工业互联网平台的需求也存在一定的紧迫性，而在产品设计方面对工业互联网平台的需求的紧迫性相对较低。

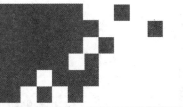

08

第 8 章
数字孪生与工业元宇宙

8.1 基于数字孪生的工业元宇宙 》

8.1.1 工业元宇宙的体系架构

元宇宙是集成了多种新技术并与现实世界交互的虚拟世界，工业元宇宙是元宇宙在工业领域的应用。工业元宇宙能够为工业赋能，支持工业快速发展，并实现创新升级。

现阶段，工业元宇宙中已经集成了 AR、VR、MR、5G、大数据、物联网、云计算、人工智能、数字孪生、三维设计等多种新兴技术，助力提高各项相关工业设备和系统的算力、展示力、交互能力、通信流量、速率和数据储量，进而推动工业领域的各个行业和相关企业实现创新发展。此外，工业元宇宙还能够提高工业产品的质量、艺术性、精细化程度以及种类的多样性，增强工业产品的竞争力，进而达到提高价值创造能力的目的。

从狭义上来看，元宇宙就是通过借助信息来提高集成性、单元技术、信息化水平和可视化水平的方式来优化用户体验，提高思考速度和行动的有效性、合理性。工业是国民经济的主导产业，因此工业领域的各个行业和企业在推进智能制造、信息化和工业化高层次深度结合以及数字化转型与元宇宙融合等工作时需要从国家政策出发，增强技术能力，大幅提高工业领域在工业产品、生产过程和工业产品应用等方面的水平。

构建元宇宙技术架构需要利用标准的建筑信息模型（BIM）、计算机辅助设计（CAD）模型、航测、倾斜影像采集等工具和方法来采集三维数据，并在此基础上充分发挥激光雷达扫描等技术的作用来构建三维模型，实现从现实世界向虚拟世界的映射。工业领域的各个企业可以通过将这些模型接入数字孪生平台的方式来打造数字孪生体，并结合工厂应用中的各项实时数据来控制数字孪生体的动作和状态，同时加强数据资产管理，建立动态虚拟世界。

具体来说，工业元宇宙的体系架构主要由以下几部分构成：

- **感知层**：感知层的主要组成部分是物理实体中应用了物联网技术的新型基础设施。

- **数据层**：数据层需要完成精准采集和计算数据、实时交互和传输数据以及安全存取和管理全生命周期数据等工作。

- **运算层**：运算层能够有效发挥各项先进技术的作用，充分利用下层数据并支撑上层功能。

- **功能层**：功能层具有系统认知、系统诊断、状态预测、辅助决策等诸多功能，能够充分发挥数字孪生体的应用价值。具体来说，系统认知既能够以高度真实的方式展现物理实体的实际状态，也能够在感知信息和计算数据的同时进行自主分析和决策；系统诊断能够实时监测并精准判断系统的状态，提前预知系统将会出现的不稳定状态；状态预测能够根据系统运行数据来预测物理实体的状态；辅助决策能够在参考数字孪生体所展现、诊断和预测出的结果的基础上进行决策。

- **应用层**：应用层能够为各行各业实现数字化转型提供助力，充分展示出数字孪生体在智慧城市、智慧工业、智慧医疗和车联网等多个领域、多个行业、多种场景中的价值。

数字化技术在工业元宇宙中的应用大幅提高了工业生产的协同性、高效性、安全性、精准性和智能化程度，同时也有效降低了成本。集邦咨询公司（TrendForce）预测，到2025年，工业元宇宙将推动全球智能制造市场规模增至5400亿美元，从2021年到2025年四年的复合增长率将会达到15.35%。

现阶段，英伟达、英特尔、微软、西门子、施耐德等国际知名企业已经积累了大量技术和经验，能够制定出成熟有效的人工智能和行业数字化解决方案，并高效推动方案落地。而我国具有工业门类多、应用场景丰富、应用研发能力强、落地能力强等优势，具备更加多样化的工业元宇宙应用场景。

近年来，工业元宇宙相关技术快速发展，解决方案日渐完善，市场规模也在不断扩大，大量工业企业开始利用各类新兴技术和新的商业模式来推进数字化转型工作，同时借此机会提升自身的生产效率。对企业来说，应积极把握工业元宇宙发展带来的机遇，根据自身实际情况以及市场发展趋势选择合适的元宇宙化场景，并加大创新力度和技术发展速度，力图赢得一定的技术优势。

目前，工业元宇宙还处于发展初期，亟须建立、完善和推广程序与系统接口、技术规范、可靠性认证、应用安全等各个相关标准体系，同时也要借助信息技术的力量来进一步提高可互操作性、安全性和可靠性，纵深推进工业信息化发展。

2022 年 11 月，我国工信部工业文化发展中心发布《工业元宇宙创新发展三年行动计划（2022—2025）》，并在该文件中提出，行业及相关机构应按部就班地展开重点领域标准的制定工作，并为各项相关国际标准的制定提供助力，同时也要整合检测资源，借助产品质量测试、安全评估、检验认证等手段来提高产品和服务的安全性和可靠性，进而充分确保整个产业能够在相关标准的规范下健康稳定发展。

8.1.2 工业元宇宙的关键技术

工业元宇宙的落地离不开数字孪生技术和交互技术的支持。数字孪生技术与美国国防部提出的数字孪生（DT，Digital Twin）技术息息相关，最初被应用于航空航天领域当中，而数字孪生思想则来源于美国密歇根大学的 Michael Grieves 提出的"信息镜像模型"。2002 年，Michael Grieves 在产品生命周期管理课程中提出了"通过物理设备的数据，在虚拟（信息）空间构建可以表征该物理设备的虚拟实体和子系统；并且这种联系不是单向和静态的，而是在整个产品的生命周期中都联系在一起"的观点。

就目前来看，数字孪生技术与 AR、VR、MR 等先进技术的综合应用可能会推动物理世界与虚拟世界的融合，而各项数字化、信息化、智能化技术的发展和应用也为工业元宇宙业态的发展提供了强有力的技术支撑。

具体来说，工业元宇宙的关键技术主要包括以下几项，如图 8-1 所示。

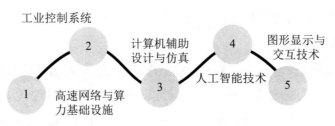

图 8-1 工业元宇宙的关键技术

（1）高速网络与算力基础设施

高速网络和算力基础设施是支撑工业元宇宙落地应用和快速发展的基础。工业元宇宙会不断产生新的数据，具有数据量大、数据流动快等特点，需要使用高性能的人工智能系统、图像处理系统和计算机硬件来对各项数据进行处理。具体来说，工业元宇宙需要利用光纤网络技术以及具有低时延、大带宽、大连接等特点的 5G 技术等多种技术手段来实现数据的互联互通，并借助高性能计算机、边缘计算设备和数据中心来对各项数据进行计算和存储。

（2）工业控制系统

工业控制系统主要由传感器、信息处理系统和执行装置构成，能够广泛采集工业现场数据，通过对比测量数据和目标值来检测工业设备状态，控制工业生产过程，及时发现异常情况并报警，从而进一步提高数据采集、工业生产和过程控制的自动化程度。

一般来说，数据采集与监控系统（SCADA）、分散控制系统（DCS）、可编程逻辑控制器（PLC）是大型工业控制系统提高各项自动化功能的重要工具，组态软件是状态监控人员读取信息和控制工业生产过程的重要工具。现阶段，工业控制系统已经被应用到化工、电信、电力、制造和能源等多个领域当中。

（3）计算机辅助设计与仿真

计算机辅助设计（CAD）能够帮助设计人员完成产品设计工作，计算机辅助工程（CAE）可用于对产品性能进行验证，这两项技术都是目前工程设计行业常用的技术。就目前来看，CAD 不仅可以帮助设计人员完成二维平面图纸和三维图形设计工作，还能够针对产品的材料、结构、功能等多个方面进行全面设计，构建虚拟产品模型；CAE 能够利用三维建模技术来对产品的结构、物理特性等进行模拟，从而丰富产品功能，强化产品性能，达到优化产品设计的效果。

计算机仿真技术与人工智能、数字样机等技术的综合应用已实现了对汽车、机器人、生产线等多种产品、系统和环境的模拟分析。以 Isaac Sim 机器人模拟训练平台 2022.2 版本为例，该平台具有机器人模拟和合成数据生成（Synthetic Data Generation，SDG）功能，能够通过在虚拟环境中对机器人进行训练的方式来提高相关工作人员对智能机器人的开发、测试、培训和部署工作的效率，强化制造和物流机器人的功能和性能，同时还能在模拟环境中加入人物，确保机器人能够与人类展开安全高效的协作。

（4）人工智能技术

随着人工智能技术在工业元宇宙中的应用逐渐加深，数字化模拟的真实性和应用规模也将得到进一步提升。机器学习模型可以通过利用大量反馈源数据进行自我学习的方式来将物理实体展现在虚拟空间当中，并在此基础上对未来可能会发生的事件进行预测。除此之外，机器学习模型还可以利用历史数据和集成网络进行数据学习，从而达到提高自身的数字化模拟精度和效率的效果。

预测性维修（Predictive Maintenance，PdM）即基于状态的维护，是人工智能技术在工业元宇宙中的重要应用，能够利用传感器数据和历史数据等数据信息来掌握设备状态，利用人工智能模型来对设备维护时间进行精准预测。与预防性维护相比，PdM 具有维护成本低的优势，且能够充分发挥数据收集、数据预处理、早期故障检测、故障检测、失效预测、维护计划和资源优化等功能的作用，有针对性地对设备进行检测、调整和维修，优化设备工作状态，提高设备工作时间，进而达到提高生产率和生产即时性的目的。

就目前来看，美国军方已经通过与国际商业机器公司（International Business Machines Corporation，简称 IBM）和 Uptake Technologies 等人工智能行业企业的合作将人工智能应用到多种设备的预测性维修工作当中，并利用装备数据管理和人工智能分析等智能化的技术手段来对军用装备的零部件故障问题进行预测。

（5）图形显示与交互技术

图形处理技术、图形显示技术和图形交互技术是支撑工业元宇宙实现有效操作和交互的重要技术，图形处理技术与 AR、VR 和 MR 的融合应用能够支撑工业元宇宙实现图形立体化和数字化虚拟交互。

图形引擎具备图形生成和图形处理功能，图形处理技术可以在图形引擎支持下为多个行业提供设计服务。例如，当前大部分 VR 和 AR 内容的驱动引擎都是 Unity 图形引擎，该引擎在汽车设计、制造人员培训、制造流水线实际操作、无人驾驶模拟训练和市场推广等方面的应用能够借助实时光线追踪技术来构建高度逼真的可交互虚拟环境，同时高清实时渲染技术与各类 VR、AR、MR 设备的融合也能够带来更多类型的互动内容，进而为参与者提供沉浸式的体验，不仅如此，开发者也可以借此进入虚拟环境中进行设计和交互。就目前来看，Unity 图形引擎可被广泛应用于多个行业当中，将作业图纸和信息转化为虚拟化的 Unity 3D 模型，为相关工作人员使用各类设备对实时模型进行沉浸式审查和互动式审查提供方便。

近年来，各行各业的数字化转型速度不断加快，汽车、运输、制造和建筑等工程领域的许多企业开始利用 VR、AR、MR 等技术手段来进行产品设计和产品生产。以西门子股份公司为例，其利用基于 VR 技术的 VR 眼镜来为用户提供协同设计和产线检查等服务。美国波音公司也将 AR 技术应用到飞机制造当中，并充分发挥 AR 眼镜的定位作用，为工作人员及时找出和更换临时紧固件提供方便，进而优化路线布局，同时通过对工作的有效检验进一步提高 767 客机、KC-46 加油机等多种机型飞机的生产效率，大幅减少在飞机生产等方面的成本支出。

8.1.3　元宇宙开启工业新革命

近年来，科学技术飞速发展，商业模式不断推陈出新，VR、AR、MR、数字经济、元宇宙、ChatGPT 等新的科技产品和概念层见迭出，科技领域出现这种现象不仅依赖于资本提供的助力，还离不开科技的发展和支撑。

元宇宙是人类利用数字技术构建出的集成了 5G、物联网、云计算、区块链、人工智能、人机交互和 VR 等多种先进技术且能够与现实世界交互的虚拟世界，该虚拟世界可看作现实世界的映射，是与现实世界一样具有专门的社会体系的数字化生活空间。元宇宙具有极高的产业价值，能够在产业、科技等多个领域中发挥重要作用，推动科学技术不断进步，促进产业经济快速发展。工业是第二产业的主要组成部分，在我国国民经济中占据重要地位，通常涉及众多产业领域、产业链环节和产品类别。元宇宙在工业领域的应用能够创造出极大的产业价值，具体来说，元宇宙在工业领域的作用如图 8-2 所示。

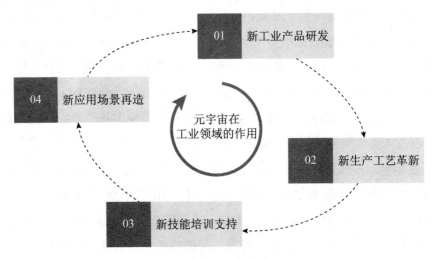

图 8-2　元宇宙在工业领域的作用

（1）新工业产品研发

新工业产品研发是指工业领域的企业可以在元宇宙的虚拟空间中设计数字工业产品模型，并构建与产品研发相关的场景、设备、设施和环境等因素，同时以可视化、虚拟化的形式对这些因素进行等比例还原，以数字化的形式呈现虚拟设计、模拟组装、场景试验和样品方案，进而达到为新产品研发提供支持的目的。

新工业产品研发是元宇宙在工业革新中十分重要的价值体现，且元宇宙在新工业产品研发中的应用在航空航天、工业制造、生物医药等多个产业中都具有良好的发展前景。以航空航天产业领域为例，为了降低研发成本、缩短研发周期，企业可以在元宇宙的虚拟环境中完成设计火箭整体结构、发射火箭、调试火箭等各项设计和测试相关工作，并在稳定产品性能的前提下将产品投入真实的物理环境中进行飞行和测试。

（2）新生产工艺革新

借助工业元宇宙平台，制造企业能够实现工业生产工艺的创新和优化。具体来说，企业可以通过工业元宇宙平台对工业产品的生产工艺、生产流程、供应链流程以及智慧工厂进行全方位的同比例模拟、虚拟化的实时交互和模型运营，并从测试结果出发重塑产品供应链流程，进而借助对生产工艺的优化来最大限度地提升工业产品设计的经济性能，同时达到提高生产效率和减少在运营方面的成本支出的效果。

（3）新技能培训支持

工业元宇宙平台能够为工业制造、航空航天、智能驾驶、生命医疗、海洋探测等多个领域的企业技能培训工作提供支持。具体来说，企业可以利用元宇宙来建设虚拟的数字化工厂、数字化生产线和数字化产品，并在虚拟的元宇宙空间中开展机器组装、机器调试、机器维修等专业技能培训和实景培训工作，同时也能够借助元宇宙来为相关工作人员提供虚拟远程技术指导。

（4）新应用场景再造

企业可以利用工业元宇宙平台在虚拟空间中构建多种多样的新工业产品应用场景，以便对产品进行优化升级和宣传推广。就目前来看，飞行汽车、海底潜艇、深空探测器和智能化数字终端等应用于未来场景中的新型工业产品均离不开元宇宙平台构建的虚拟空间。

现阶段，元宇宙技术还处于发展和应用初期，特别是工业元宇宙，还存在巨大的创新、发展和应用空间。就目前来看，元宇宙的相关应用大多分布于初级娱乐消费领域当中，随着元宇宙在工业领域的进一步发展，未来行业内将会陆续出现一些开源性的工业元宇宙平台，工业领域的企业将会在工业元宇宙平台当中研发新产品、革新生产工艺、培训新技能、构建新应用场景。

8.1.4　工业元宇宙的战略价值

随着线上生活逐渐成为人们生活的常态，"元宇宙"一词的热度迅速上涨，并逐渐成为多个领域讨论的热点话题。就目前来看，数字经济正在向虚实结合形态发展，工业领域的各个企业开始大力推进数字化转型工作，并加大了对工业元宇宙的研究力度，工业元宇宙将成为元宇宙技术在工业领域的重要应用，为工业领域的发展提供助力。

近年来，物联网、数字孪生、AR、VR、MR和数字设计与仿真等技术飞速发展，并逐渐被应用到工业领域的各个场景当中，大幅提高了工业元宇宙在内涵上的丰富性，未来也将会在实体行业中发挥重要作用。

（1）国家层面

近年来，工业互联网快速发展，工业互联网创新工程的落地速度也不断加快，我国的数字化网络化创新应用日渐多样化，但由于缺乏在智能化领域的实践，工业领域的各个行业和企业需要积极探索推动工业互联网应用实现智能化升级的有效方法。

工业元宇宙中包含了数据资源、设备资源、人力资源等大量内容，是涉及众多行业和企业的大型平台，也是支撑企业、行业乃至地区发展的关键，工业元宇宙中集成的各项新兴技术能够促进我国工业互联网向智能化转型，并助力我国制造业实现高质量发展。

（2）产业层面

工业元宇宙能够为我国工业软件产业的发展提供驱动力，助力我国工业软件企业加快追赶国际先进工业软件企业的步伐。就目前来看，在工业软件领域，我国发展时间较短，工业软件核心模型和算法的成熟度不高，且技术方面在一定程度上受制于其他国家。

数字孪生技术在工业领域的应用有助于我国利用自身在工业门类、场景、数据等方面的优势来提高发展速度，快速推动人工智能等先进技术与工业软件融合，利用各项相关数据来强化机理模型的性能，进而助力工业软件实现高速发展。

与此同时，我国还可以借助地区平台打造产业集群，推动营销、设计、制造和服务协同发展，助力数字经济和元宇宙创新发展，并以集约化的方式来充分发挥高价值工业软件、高精度机床设备和具有大数据、高算力、高显示力等特点的人工智能系统的作用，进而大幅提高各项相关设备和系统的综合利用率，减少在使用成本方面的支出，提升各项新兴技术在工业软件领域的应用水平、应用深度和应用范围。

（3）企业层面

元宇宙的发展促进了技术创新，各类新兴技术也为工业研发、生产和运维等各个环节的落地提供了强有力的支撑，如表 8-1 所示。

表 8-1　元宇宙等新兴技术在企业领域的应用

应用环节	具体内容
研发环节	工业领域的各个企业可以利用数字孪生技术来进行虚拟调试，进而降低产品研发成本，缩短产品研发周期
生产环节	工业领域的各个企业可以利用数字孪生技术构建可实时交互的三维可视化工厂，进而推动各个工厂实现一体化管理和控制
运维环节	工业领域的各个企业可以综合运用仿真技术和大数据技术来明确故障时间和故障位置等信息，进而充分保障运维的安全性

工业的数字化转型大幅提高了信息的完整性、准确性、时效性和实时性，实现了从定性到定量的转变，同时也能够凭借更加强大的网络能力构建更好的沟通场景来为生产者、消费者和客户服务，进而优化沟通模式，提升沟通效果。

8.2　工业元宇宙的应用场景 ≫

8.2.1　工业产品协同设计

在计算技术、网络通信技术快速发展的时代，大数据、云计算、虚拟现实、5G 等技术的深入应用为元宇宙的构建提供了支撑。元宇宙可以实现对现实世界的映射、模拟、扩展与延伸，虚实交融、全感知的虚拟世界将为人们带来独特的体验。基于上述特点，元宇宙技术有望在工业产品设计领域发挥重要作用，具体应用如图 8-3 所示。

图8-3　元宇宙技术在工业产品设计领域的应用

（1）设计创意直观展示

传统的设计工具（例如图纸、实体模型等）的表现力是有限的，而元宇宙技术可以辅助设计师将其想法或创意完整、清晰、直观地呈现出来。设计师可以在元宇宙中构建三维产品模型，并赋予该模型各种细节、参数和性能；同时构建虚拟的产品使用场景，对产品运行情况进行动态模拟。客户则可以通过虚拟模型快速了解产品情况，包括其外观、功能和使用体验等。

（2）产品设计加速迭代

整个产品设计过程并不是一次性完成的，而是要在确定架构的基础上不断修改、调整，当制造出产品实物样本后，还要进行性能测试与验证，并进一步完善。如果应用元宇宙技术，设计师可以在虚拟空间中直接按照设计思路构建产品样本模型，并引入相关参数进行仿真验证与测试，由此使调整、修改设计的过程更为便捷，这有利于缩短产品设计周期、降低设计成本，促进产品设计快速迭代。

（3）客户沟通更加高效

运用元宇宙技术，可以更为直观、明确地向客户展示产品细节，进而提升设计师与客户之间的沟通效率。在传统的产品设计过程中，设计图纸、产品模型是设计师向客户展示其想法的重要载体，但设计图纸不够直观，产品模型也无法全面展示出产品性能，客户难以与设计师产生共鸣，这在无形中增加了沟通成本。而在元宇宙世界中，设计师可以将客户带入包含产品虚拟样本的完整场景中，使客户直观地感受到设计方案的特点，对产品外观、性能和使用体验做出清晰的评价，从而为设计师提供明确的改进方向。

（4）设计方法数字化型

元宇宙技术能够驱动整个工业产品设计环节的数字化转型。随着虚拟现实、三维建模等技术的发展，越来越多的企业逐渐转变产品设计方式，借助数字化平台提升设计效率，从而能够快速响应多样化的市场需求。元宇宙技术在产品设计环节的应用，有助于在降低开发成本的同时提升设计质量，进而为客户提供更好的产品服务。

此外，协同设计是工业元宇宙的重要应用场景，在工业元宇宙的支持下，工程人员可以通过利用在线平台协同设计、迭代和更改各项工作方案的方式来简化工作流程。

英伟达推出的 Omniverse 平台具有易扩展和开放性等特点，能够为工程师、设计师、创作者和研究人员提供虚拟协作和物理级准确的实时模拟服务，同时也能够为其提供共享化的设计工具、相关资料和项目。就目前来看，Omniverse 平台已被应用于 Adobe 和 Autodesk 等多家厂商的各类设计与工程软件的协作当中，未来，该平台将会成为艺术和工程设计等多个领域的工作流程进一步优化的重要驱动力。

国内家电巨头美的集团早在几年前就开始布局数字孪生与仿真技术，逐步向"工业元宇宙"领域切入。目前，美的已经利用仿真系统和数字孪生搭建了一个将实体工厂 1∶1 还原的虚拟数字工厂。通过在虚拟工厂中模拟生产，大幅提升了新产品试制试产效率，缩短了产品的上市周期。

8.2.2　生产制造流程优化

工业元宇宙可以在工业生产制造领域发挥重要作用。具体来说，工业元宇宙可以与 5G、6G、物联网和人工智能等多种先进技术融合，通过模拟和优化基础设施、工艺装备和作业过程的方式来提高管理的精细化程度，提高质量控制水平。

从应用场景上来看，工业元宇宙主要用于优化车间布局、测试工厂车间配置、分析各类方案对车间中的工人移动情况的影响、评估位于移动机器人周边的工人的安全程度、检查传感器采集的数据、找出振动来源、查看物理模型状态和探索故障根源。元宇宙技术能够为生产制造的各个环节精准赋能，工业企业可以将其应用于生产流程管理、产品性能测试、产线或设备的日常运维等活动中，促进整体效率的提升。下文将从两个方面简要介绍元宇宙技术在生产流程中起到的作用，如图8-4所示。

图8-4　元宇宙在工业生产流程领域的应用

（1）支撑虚拟智能工厂建设

制造企业可以依托元宇宙打造高度还原真实生产场景的虚拟智能工厂，该工厂中的所有内容与实际生产要素完全一致，包括车间布局、产线布置、设备安装、生产流程等。通过空间中虚拟产线、设备、人员的实时交互，可以获得对整个生产运营过程的沉浸式体验，直观地了解产线运行状态，找到其中存在的问题并高效设计出优化方案。同时也可以对设备结构、产能配置、人员动线等方面的合理性进行验证，为智能排产提供条件。

实际上，在现实生产场景中的任何变动，都可以在虚拟智能工厂中进行模拟测试，为科学决策提供依据，以达到优化流程、提升产能的目的。

（2）辅助生产方式数字化转型

依托元宇宙的虚拟环境，生产人员可以通过非现场远程控制的方式完成某些危险的作业任务，这不仅有利于生产效率提升，还能够保障生产安全性。AR/VR等终端设备为远程人机交互作业提供了条件，AI算法提供的优化方案能够辅助人员决策，这一交互机制下形成的"游戏式"工作方式可以有效提高作业效率。目前，瑞欧威尔公司（Realwear）推出的AR头戴式计算机产品moziware可以通过语音控制来测量部件尺寸、查看设备信息等，同时还支持多人远程协作。

以汽车制造行业为例，AR技术可以辅助实现现场作业人员与远程技术专家实时对话，依托于零部件、产品结构的虚拟模型，可以快速解决车辆装配或维修过程中出现的困难问题，这减少了问题排查、异地外派专家等带来的资金成本和时间成本，促使生产活动高效推进。再如在物流领域，AR 技术可以辅助人员对仓储现场进行有序管理，工作人员可以基于 AR 设备的语音交互功能确认货物信息，并给仓储机器人下发指令，从而大幅提升分拣效率，降低手动操作带来的风险。

8.2.3　智慧物流供应链管理

工业元宇宙的模拟和分析功能可以大幅提高物流周转效率，为物流与供应链管理的发展提供助力。具体来说，工业元宇宙可以利用网络实现与全球各地的物流中心和工厂的互联互通，为供应链实时获取和存储物流信息提供方便，同时也能够针对物流环境、设备、货物种类和数量等信息为各个物流环节构建模型，以便高效计算物流时间、物流效率等，并据此生成高度智能的拣货与排单方案，为物流工作人员高效处理各类不同的订单提供方便。工业元宇宙在物流与供应链管理领域的应用既能够提高物流周转效率，也能有效减少成本支出，帮助企业获得更高的收益。

智慧物流得益于物联网、人工智能、数字孪生等前沿技术的赋能，正在逐步实现物流作业活动全时空、全场景的数字化转化，随着数字孪生技术在智慧物流领域的融合应用，有望构建涵盖物流全景实时状态的"物流元宇宙"。

数字孪生技术在物流元宇宙的构建中发挥着关键作用，是将现实物理对象映射到虚拟世界，并进行实时跟踪、动态仿真、环境掌控的技术基础。物流元宇宙的构建，首先需要将园区、仓库、场站、运输资源等物流基础设施和人员、设备、作业场景、配送区域地图等要素进行数字化复刻，构建与现实世界高度一致的虚拟模型；随后运用 AR、VR、人工智能等技术搭建虚拟空间与真实场景的接口，完成真实场景在元宇宙中的全方位呈现；进而将大数据、自动分拣机器人等其他技术融入数字场景中，实现对现实物流作业状态的动态模拟。而在虚拟世界中基于智能数据分析产生的优化决策方案，可以辅助改进现实物流作业流程，提高效率。由此，能够促进形成虚实交融、协同开放的智慧物流产业新生态。

数字孪生技术、物流元宇宙的实践为突破现有技术瓶颈和产业桎梏，进一步实现产业融合创新、降本增效提供了新的方向。物流元宇宙的应用价值主要体现在以下两方面，如图 8-5 所示。

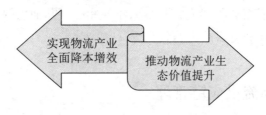

图 8-5　物流元宇宙的应用价值

（1）实现物流产业全面降本增效

物流元宇宙与现实作业场景虚实交融、互联互通，为解决物流行业的普遍性问题提供了条件，其解决过程伴随着物理成本向计算成本的转变，这能够催生出以实际为导向的、以数据驱动的决策模型，从而在有限成本范围内提供可选的解决方案。同时，人工智能算法能够促进物流资源的配置优化，从而降低物流运营成本，提升运营效率和服务质量，为物流产业注入新的活力，促进产业的智能化转型与创新发展。

（2）推动物流产业生态价值提升

物流元宇宙实际上为各方物流活动参与主体提供了一个高效协同合作的虚拟平台，在元宇宙框架协议定义的规则体系下，所有参与者都是平等的。因此，全社会协同的开放生态是物流元宇宙的基本特征，不同虚拟产品的开放性、兼容性和交互性是不同行为主体跨领域、跨地域合作的重要保障。而物流产业链不仅仅连通了物流环节参与者，还不断延伸至其他领域，使产业发展的空间大大拓展，这为构建一个共创、共建、共享的产业生态价值空间奠定了基础。

8.2.4　微软 Azure 工业元宇宙解决方案

微软 Azure 是微软公司利用云计算技术打造出的一款可以构建融合了物

联网、数字孪生和混合现实技术的企业元宇宙技术堆栈的操作系统。具体来说，微软 Azure 可以在数字孪生技术的基础上根据真实的物理世界来构建虚拟的数字世界，并在数字世界中映射出工厂、供应链等各类交互环境，追踪和分析各项历史数据，预测、监控和模拟未来数据，进而推动真实的物理世界与虚拟的数字世界之间的经验交互和共享。

微软工业元宇宙解决方案主要涉及 Azure 智能云和智能边缘、Azure 物联网、Azure 数字孪生、Azure 地图和 Azure Synapse、Azure AI 和 Azure Project Bonsai 以及 Microsoft Power Platform 等产品和平台。

（1）Azure **智能云和智能边缘**

Azure 智能云平台中融合了云计算和人工智能技术，包含公共云服务、私有云服务、混合云服务和服务器产品等多个组成部分，涉及 Azure 云服务、SQL Server、Windows Serve、Visual Studio、System Center、相关客户端访问许可证（Client Access License，CAL）和 GitHub 等诸多内容，能够在多种智能应用程序和系统中发挥重要作用。

智能边缘是位于数据源头附近的开放平台，具有网络、计算、存储和应用核心能力等诸多功能，能够在数据产生地点对数据进行处理，防止出现由连接设备数量大、数据量大、服务器距离远、数据回传速度慢、客户的数据留存要求等因素造成的数据洞察效率低的问题，提高数据洞察的实时性，为客户及时获取数据洞察结果提供方便。

（2）Azure **物联网**（Azure IoT）

Azure 物联网解决方案中具有能够与云中托管的后端服务进行信息通信和数据传输的物联网设备。这些物联网设备大多装配了具有压力传感器、温度传感器、湿度传感器或加速度传感器等传感器的电路板，且能够借助无线网络接入互联网当中，因此 Azure 物联网可以借助网络在传感器和后端服务之间传输数据信息，并自动循环该过程，以便提高整个解决方案的效率，同时 Azure 物联网也能够将企业元宇宙与物理世界相连接，同步各项数据并实时反馈各项相关操作。

（3）Azure **数字孪生**（Digital Twins）

Azure 数字孪生的服务模式为平台即服务（PaaS），用户可以在该平台中创建真实的物理世界中的事物、地点、业务流程和人员系统，并在此基础上构建工厂、建筑、农场、铁路、能源网络、体育场、城市等可视化数字模型。用户可以利用 Azure 数字孪生平台来构建自身所需的数字模型，并综合运用 Azure 物联网、与设备相连的业务系统、可输入数据的应用程序编程接口等来将数字模型与物理世界一一对应，同时也可以利用数字模型来分析输出数据，进而实现对历史状态的跟踪和对未来状态的预测。

（4）Azure 地图（Azure Map）和 Azure Synapse

Azure 地图具有地理空间服务功能，能够在微软的企业元宇宙中充分确保客户的隐私安全和数据安全，并在此基础上向用户提供室内地理位置信息。

Azure Synapse 中具有数据仓库和大数据分析功能，能够为用户提供数据分析服务。具体来说，数据仓库具有数据存储容量大的特点，能够存储大量结构化数据，并在 Azure Synapse 中利用 Hadoop、 Spark 和机器学习算法等工具对各项数据进行反复提取、分析和训练，同时也可以存储经过复杂分析的数据，对这些数据进行数据洞察，并将其传输到应用层当中。

（5）Azure AI 和 Azure Project Bonsai

Azure AI 具有强大的数据洞察能力，能够帮助用户在企业元宇宙中进行数据洞察；Azure Project Bonsai 能够利用低代码进行机器学习，并在此基础上打造出具有学习和进化功能的智能自治系统。

Azure AI 中主要包括应用程序、知识挖掘和机器学习三项服务，其开发商、训练方和管理者都是微软公司，开发人员可以通过利用 API 将人工智能添加到自身应用中的方式来为公司减少在开发环节的成本支出。Azure AI 具有强大的信息挖掘能力，能够快速读取大量文件，并采集其中的重要信息。

Azure Project Bonsai 是微软自制系统套件的重要组成部分，也是一种低代码的人工智能平台，能够利用人工智能来提高机器学习效率。具体来说，Azure Project Bonsai 能够综合运用机器学习、校准和优化等多种功能来提高制造、化工、建筑、能源和采矿等行业在机械控制方面的自主化程度，辅助相关人员进行工业设备管理。开发人员可以利用 Azure Project Bonsai 定制的编程语言来向人工智能输送专业知识，并在此基础上找出最优训练模型，以便在基于数字孪生的模拟环境中制定出最优解决方案，进而实现对流程变量的优化和对生产效率的提升。

（6）Microsoft Power Platform

Microsoft Power Platform 是微软公司开发出的一款包含 Power BI、Power Apps、Power Automate 和 Power Virtual Agents 等众多组成部分的低代码平台。具体来说，Microsoft Power Platform 中连接了 Microsoft 365、Dynamics 365、Azure 等大量应用，能够为用户提供端到端的业务解决方案，并最大限度地减少代码使用数量，提高软件开发速度，充分发挥数字技术的作用，为非 IT 员工进行零代码开发提供方便，充分满足各类员工的软件开发需求。

09

第 9 章
数字孪生在各工业领域的应用

9.1 数字孪生在石化工业中的应用 〉

9.1.1 油气勘探与开发的数字化

石化化工行业不仅是国民经济的支柱产业，也是重要的能源战略行业，促进该行业的数字化转型，是当前信息技术和数字经济发展背景下的必然要求。数字孪生技术可以为该行业的转型有效赋能，具体可以通过构建石油化工生产过程的数字孪生模型，在虚拟空间中进行工艺参数设计与仿真、生产状态监测与远程运维等，提升石油化工相关作业的智能化、数字化水平。

流程性是石油化工行业的典型特征，在生产过程中，原料通过管道流经相关容器、塔器或设备完成产品转化。数字孪生技术可以在生产全流程和设备维护方面发挥重要作用，有望覆盖油气勘探与开发、石油工程装备管理、石油钻井监测、油气管道建设、炼油化工等领域。

勘探与开发是使油气成为可利用能源的基础，勘探业务的专业领域涉及钻井、测井、录井、地震、试井、试油等；开发业务的专业领域涉及地面工程、油藏工程、采油工程、井下作业、分析化验等。将人工智能、物联网、三维建模等数字化技术应用到油气勘探与开发过程管理中，构建映射真实作业流程的数字孪生模型，有助于对既有数据资源进行智能分析与深入挖掘，从而优化作业方式，降低开发成本，提高操作效率。

目前，数字孪生技术在油气藏建模、虚拟油气生产井（站）场景构建需求中率先落地应用。中石油基于产业转型要求打造了一个"石油大脑"，运用虚拟现实技术进行线上虚拟培训、智能巡检、专家远程指导、工人远程作业等活动，初步实现了作业现场的虚实融合。这项技术在西南油气田，重庆、渤海、大庆等地的勘探开发活动中发挥了积极作用。

9.1.2　工程装备全生命周期管理

石油工程装备是支撑石油生产活动的物质基础，对石油装备全生命周期的管理关系到开采、生产作业的安全和效率。数字孪生技术可以为石油工程装备的设计、生产、使用、运维等各个环节高效赋能，提高工程装备全生命周期管理水平。

装备数字孪生体可以支持设计方案的模拟验证，从而对生产质量精准把控、对生产全流程进行实时监控，为故障溯源和远程运维提供支撑。同时，装备数字孪生体可以根据需要升级优化设计平台和工程项目管理平台，打通虚实数据通路，基于大数据分析获得最优智能决策与执行方案，进一步推动工艺流程优化。另外，数字孪生技术在工程装备全生命周期管理中的应用，有助于设计与制造模式的数字化转型与工艺创新，实现对开采现场、制造业务车间的精细化、信息化管理。

数字孪生技术在海洋石油工程建设领域也能够发挥重要作用。海洋石油工程的实施环境较一般石油工程更为复杂，存在各种难以被直观感知到的不确定因素。而在数字孪生虚拟环境中，可以基于高度仿真的三维模型实现设备性能测试、数值优化分析、平台设计及装配方案验证、对海流环境的响应状态模拟等，从而提高相关设备设计的合理性，降低作业安全风险。

近年来，新疆油田以数字化转型为顶层设计蓝图，开展关于石油工程装备全生命周期数字化的研究，强化物联网、智能系统等信息技术的部署应用，在智能化油气田生产管控领域取得了一定成果。2019～2020年，新疆油田的地面建设工程数字化管理平台基本建成，玛河气田和克拉美丽气田的两项数字化工程建设试点项目先后投产。

随着数字孪生技术在石油工程装备管理领域的应用不断成熟与深化，国内其他油田也将逐步投入数字化转型实践中，促进数字孪生技术与石油工程装备管理需求的匹配与融合。

9.1.3　石油钻井过程可视化监测

从当前石油钻井作业过程来看，其监测手段并不完善，所能够监测到的信息不够直观。而构建钻井平台数字孪生模型，可以基于来自作业现场、设备系统的数据信息实现钻井过程的可视化映射，对关键设备的运行状态进行实时监测，钻井平台可视化监测的作用如图 9-1 所示。

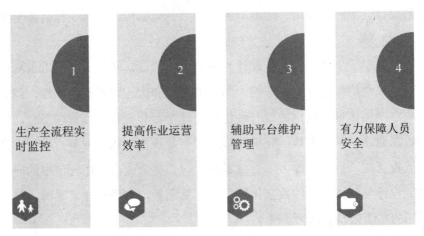

图 9-1　钻井平台可视化监测的作用

（1）生产全流程实时监控

数字孪生可视化场景能够提供的监控管理支持不仅限于设备运行状态，还可以监测生产全流程、全要素的运行情况，并进行科学分析，提供有效的数据指导和量化分析报告，辅助管理人员准确掌握生产现场情况，对问题环节或步骤及时调整优化。

（2）提高作业运营效率

基于海上钻井平台数字孪生模型对现实作业场景的精准映射，不仅可以对作业活动进行全面数字化管控，从而通过数据分析、仿真测试等方法获得流程优化方案；还可以提高对设备故障等生产问题的反应速度，减小异常情况对生产过程带来的负面影响，提高生产效率。

（3）辅助平台维护管理

数字孪生模型一方面可以对采集到的设备运行数据和其他生产活动交互数据进行综合分析，精准定位设备潜在的问题点或异常情况，并及时预警反馈；另一方面可以基于智能分析能力为维修人员提供改进方案，从而提高对设备故障的处理效率，减少故障带来的损失。

（4）有力保障人员安全

数字孪生可视化场景不仅可以连通监控摄像头等设备端口，在监测到异常生产状况时能够及时预警；同时可以调取现场监控画面，根据图像识别算法自动确认人员安全情况。

哈里伯顿公司（Halliburton）融合运用传感技术和数字孪生等技术，对钻具设计进行创新，推出了能够优化钻井实践的控制井底组合件（BHA）。该组件通过构建钻井模拟数字孪生模型，结合钻井参数和钻井工序数据进行分析计算，对不同钻井方案的模拟数据进行评估，获取最佳决策执行方案，从而提升钻井作业效率。同时，其还可以对 BHA 关键组件在井下的运行状态进行监控，避免组件设备损坏。

9.1.4　油气管道的数字孪生应用

数字管道建模技术能够通过数字孪生模型对管道产品的设计方案、属性、工艺描述、管理方法等信息进行精准映射，可以实现对管道产品从设计、生产到运行、维护等全生命周期的数字化管理。

通过构建管道数字孪生体模型，能够实时感知管道状态，基于感知数据和虚实融合的方法进行管道性能模拟测试，从而为管道设计、管道施工、管道运营及管理提供信息支持及优化方案，提升油气管道运行的安全性，实现降本增效。同时，将数字孪生模型应用到管道行业中，有利于促进行业、产业的数字化转型与发展。

石油管道运营商可以基于数字孪生虚拟场景将在长期业务实践中获得的大量管道运行数据转化为直观的、可视化的数据信息，以此构建石油管道数据图像的三维模型。同时，结合虚拟现实技术，还可以使用户直观地了解管道运行状态，从而更好地进行部署、优化。

数字孪生模型不仅可以实现对管道的实时监测，还能够辅助实现高效化、智能化、数字化的管理部署。应用模型可以对需要重点关注区域的管段进行红外成像，对管道附近的地质变化状况进行热图成像，然后基于智能算法和过往管道运行数据，对实时采集到的数据进行分析，识别、预警可能出现的风险，强化风险防范机制，提升管道运行的安全性和可靠性。

9.1.5　石油炼化工艺的智能优化

炼油化工的生产往往是在高温、高压的环境中实现的，这一过程伴随着易燃、易爆等风险，因此对生产工艺水平和生产安全性有着较高的要求，需要对相关原料或反应物量级、温度、湿度等条件进行精准控制。传统的石油炼化工艺存在诸多弊端，如对现场人员的熟练度要求高，频繁的人员流动不利于经验积累与操作优化；炼化装置监测手段比较落后，监测数据的呈现方式无法全面反映生产状态信息。随着数字信息技术在工业领域的应用深化，炼油化工产业也迫切需要进行数字化转型。

炼化装置数字孪生体是在集成制造执行系统（MES）、分散控制系统（DCS）、安全仪表系统（SIS）和数据采集与监视控制系统（SCADA）等系统功能及数据的基础上构建的。结合生产工艺反应机理模型，可以实现对工艺过程的精准映射；通过智能分析生成的方案可以促进生产优化，辅助科学、高效决策；基于实时反馈数据和模型测控数据，可以实现对生产全流程安全性、环保性的有效监测。

炼化装置数字孪生体可以为智能化管理赋能。目前，数字孪生技术在石油炼化工艺方面的典型应用场景如图 9-2 所示。

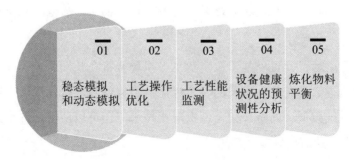

图 9-2　数字孪生在石油炼化工艺方面的典型应用场景

（1）稳态模拟和动态模拟

构建炼化装置数字孪生体，能够进行稳态模拟和动态模拟。如在天然气处理的前端工程设计（Front End Engineering Design，FEED）阶段，可以创建稳态模型以促进设计优化。同时，所构建的稳态模型还可以辅助运行阶段的工程研究工作，工程师或操作员可以基于模型改进流程方案，提升生产效率和生产安全性。此外，稳态模型可以实现对管道内流体行为的仿真模拟，优化集输管网结构，降低生产成本并提高输送量。

（2）工艺操作优化

数字孪生体的应用，有助于提升工艺操作运行的稳定性和平衡性，减少参数波动（例如气体成分变化、环境温度变化等），使操作工况接近理想状态，从而在获得更大产能的同时提高产品质量。先进过程控制（Advanced Process Control）是一种针对非常规、多变量模型的预测控制策略，可以实现对工况运行参数的实时调整，使其保持在约束范围内，并促进效益提升。目前，石油炼化工艺数字孪生模型已经得到了广泛应用。

（3）工艺性能监测

数字孪生体为科学化的工艺性能监测活动提供了技术条件。在工艺生产中，可以将所有设备（例如蒸馏塔、旋转设备、换热器等）的运行数据集成到数字孪生模型中，进行综合数据分析与数据验证，实现对工艺生产运行的有效监测。这有助于及时发现物料泄漏、仪表读数错误等问题，同时也为评估利用率和生产效率提供了量化标准。

（4）设备健康状况的预测性分析

数字孪生体可以基于旋转设备的实时运行数据结合机器学习算法进行智能分析计算，通过细微的数据偏差对潜在的运行问题进行识别预测，从而实现对设备的有效监测。模型可以针对出现的异常数据及时预警反馈，辅助运维人员进行问题评估，以及时解决问题、排除重大故障隐患或安全隐患，减少经济损失。

（5）炼化物料平衡

对炼化物料的管理主要涉及物料平衡、物料移动、业务流程自动化、指令执行、统计平衡、岗位工作台六大模块。基于工艺生产数字孪生模型和工业知识库信息，可以对生产全流程的物料使用情况、消耗情况进行实时监测，对全天候物流情况进行跟踪记录，从而及时排查出潜在问题，维持物料平衡，辅助智能化运营。具体表现在：线上化的管理手段有力保障了作业现场对下发指令快速响应；模型覆盖罐区、生产装置、进出厂、码头、仓储、生产调度与统计等管理业务与实验室信息管理系统（Laboratory Information Management System，LIMS）、实时数据库、ERP 等系统精准对接，提升了对不同批次生产物料的管理效率和溯源能力。

目前，国内一些炼化企业已经开始了对炼化装置数字孪生体的应用研究，基于装置运行的实际需求和日常工艺安全管控需求，进行数字孪生体试点装置建设，促进实现智能化的装置监测与管理，提升工艺安全性管控能力，促进生产操作进一步优化，使生产活动更加高效安全、绿色环保。

9.2 基于数字孪生的综合能源系统 》

9.2.1 综合能源系统架构设计

综合能源系统是一种支持多种能源输入且能够对用户需求进行智能化分析并据此生成最佳能源输出方案的能源系统。一般来说，综合能源系统中包含供能网络单元、能源交换单元、能源储存单元、终端综合能源供给单元和终端用户等多个组成部分，能够以分布式能源系统或区域能源系统的形式在工业领域发挥重要作用。

综合能源系统可以统一规划和调度电、气、冷、热等异质能源子系统，为用户提供供电、供冷、供热等多种服务，以便就地消纳风电、光伏等各类可再生能源，提高能源利用效率和能源结构的合理性。

（1）相关数字孪生技术

从框架设计方面来看，综合能源系统应具备较快的响应速度，并在充分满足负荷需求的前提下最大限度地对系统配置和结构设计进行优化，同时积极推动综合能源技术落地应用。数字孪生技术在综合能源系统中的应用还能够进一步创新和拓展框架设计。具体来说，基于数字孪生的综合能源系统框架设计如图9-3所示。

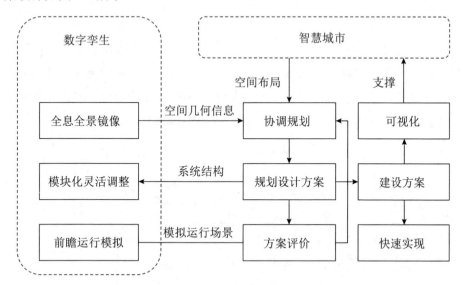

图 9-3 基于数字孪生的综合能源系统框架设计

基于数字孪生的模块化设计既包含了灵活配置综合能源系统中的各个能源模块和各项相关参数，也包含优化升级同态问题模块。由此可见，数字孪生是企业实现较为复杂的系统设计的重要技术支撑。

数字孪生在设备和系统层面为综合能源系统运维提供了强有力的支持。具体来说，企业需要利用系统传感器广泛采集设备的运行数据和历史操作数据，并根据这些数据构建设备级数字孪生框架，以便准确评估各项设备的健康状况。同时，企业也可以在系统级数字孪生中整合各项设备的风险特征信息，利用数据迁移等方式对同类设备的故障特征和历史运维等数据信息进行处理，进而实现对系统风险等级的精准评估，提高系统预警、检测和维护的准确性。

不仅如此，数字孪生还能够以全景镜像的方式在数字空间中综合各项复杂因素对真实系统的实时状态和行为特征进行精准描述，进而提高数据特征的完整度，在数据的支持下进行优化调度，以便生成更有效的控制策略，获得更好的控制效果，打造综合能源系统设备控制闭环，进一步提高能源模式调控的精细化程度，充分发挥出优化策略的应用价值。

（2）系统架构设计

与传统的独立能源系统相比，综合能源系统具有多物理系统耦合、多时间尺度动态特性相关联、强非线性和状态不确定性等特点，能够利用融合了通信技术、控制理论、系统仿真和传感器技术等多种先进技术和理论的数字孪生技术在数字空间中构建模型，以动态化的形式展示全景镜像，借助数据融合计算的方式对各种工况下的系统的运行状态和系统输出情况进行模拟。具体来说，综合能源系统数字孪生技术架构如图9-4所示。

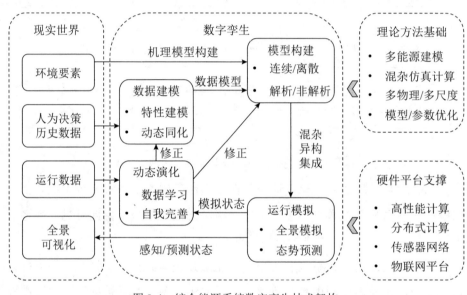

图9-4 综合能源系统数字孪生技术架构

为了搭建综合能源系统数字孪生平台，企业的相关工作人员需要在统一尺度的前提下综合利用各个数据源。一方面，综合能源系统结构具有复杂度高、机理模糊、状态透明度低等问题，因此难以构建精确度较高的动力学模型，但以数据为驱动力的方式能够全方位展示出系统的各项运行特性，从而有效缓解以上各项问题。另一方面，企业的相关工作人员可以借助多维数据来体现物理系统的状态和特征，利用状态数据来对系统进行升级迭代，同时通过对数字孪生模型和系统参数的持续优化来增强系统整体的准确性。

除此之外，物联网和传感器网络等信息通信技术的应用为综合能源系统数字孪生对底层能源装置的控制的精准性提供了强有力的支持；云端协同计算技术的应用有助于系统实时集成和利用各个层次的数据；虚拟现实技术的应用助力综合能源系统实现了对内外形态的统一展示，为人机交互的分析和应用提供了方便。

9.2.2 系统规划设计应用

综合能源系统规划设计是综合能源技术应用的关键，可以帮助相关工作人员发现整个目标规划周期中能达到负荷需求的最佳系统配置和结构，同时相关工作人员也可以利用数字孪生来创新和优化综合能源系统规划设计的理念，并推动规划设计快速落地。

数字孪生的模块化具有灵活配置综合能源系统和模块化组合以及优化规划数学问题的作用，有助于系统设计人员以更加简单便捷的方式对基于数字孪生的系统进行规划设计。

近年来，数字孪生标准规范逐步完善，统一性也越来越高，制造业企业逐渐将数字孪生应用到能源生产、转换、消费等各个环节当中，并利用数字孪生向用户提供更加丰富的服务，进而提高综合能源系统的规划设计效率。

不仅如此，在数字孪生技术的支持下，综合能源系统的空间结构规划设计方案和建设实施方案的一体化程度将会进一步加强，设计人员和建设人员也将会综合考虑规划方案与能源管廊、建筑空间、城市布局等各项因素之间的协调性和匹配关系，并提高规划方案与城市整体建设方案之间的协调性，进而为规划设计方案的落地提供支持。数字孪生技术与 3D 打印建筑技术等多种先进技术的综合应用大幅提高了建设综合能源站和配电房等基础设施的效率，缩短各项设备设施的落地周期。除此之外，数字孪生技术的应用也能够为规划方案落地提供虚拟仿真的测试环境，但综合能源系统运行环节若无法确保源、荷的确定性，那么规划方案的实际性能也将会受到影响。

总而言之，数字孪生的应用既有助于加强系统与外部的风、光、环境、温度等要素的交互，提升系统的运行模拟能力；也能够整合大量同类型系统的运行经验，提高规划方案性能评价的准确性和客观性，为系统规划设计人员在最大限度上优化规划方案提供支持。

9.2.3 建模仿真平台应用

综合能源系统模型可分为基于知识驱动的微分代数模型和基于传感网络以及系统状态的大数据驱动模型两种类型。一般来说，综合能源系统在地域位置、能源形式、上层业务等方面存在许多差异，上层系统对仿真速率的要求各不相同，构建综合能源系统模型也要用到多种仿真算法，因此在构建综合能源系统模型时还需确保模型的兼容性。一般来说，基于知识驱动的综合能源系统模型大多使用了多时间尺度建模技术，而数据驱动模型大多使用了以大数据技术为基础的模型矫正方法和参数优化方法。

从技术的层面上来看，数字孪生需要通过量测传感的方式来对内部噪声、外部噪声、随机扰动、多场景事件链等信息进行高维度建模仿真，并实时构建数据模型，以便确保通过建模仿真的方式所提供的各个应用场景的精准度。具体来说，其应用主要涉及以下几种情况：

①在数字孪生技术的支持下，数据模型可以与具有自主知识产权的电力系统实时数字仿真平台相连接，并集成各项综合能源系统中的实时电磁暂态数据，利用这些数据来为大规模电力系统打造实时的电磁暂态仿真器。

②风、光等环境因素会直接影响到综合能源系统中的风力发电机、太阳能板等随机性电源装置，因此需要利用蒙特卡罗法❶来生成运行断面，并广泛采集断面数据，借助实时仿真器来实现并发实时仿真，以便明确各项相关性能指标，实现对各项新能源发电系统的精准评估，为进一步判断新能源发电系统与综合能源系统需求之间的匹配度提供支持。

③在物理系统处于运行状态时，内部噪声、外部噪声和随机波动等因素

---

❶ 蒙特卡罗法：也称统计模拟法、统计试验法，指的是按抽样调查法求取统计值来推定未知特性量的计算方法。

都可能会对动态输出响应情况、控制调度策略、综合能源系统的运行状态、综合能源系统的输出结果等造成影响，与此同时，数字孪生技术的应用也可以针对系统的实时运行状态和控制策略提供相应的应用场景。基于数字孪生的综合能源系统建模仿真平台架构如图9-5所示。

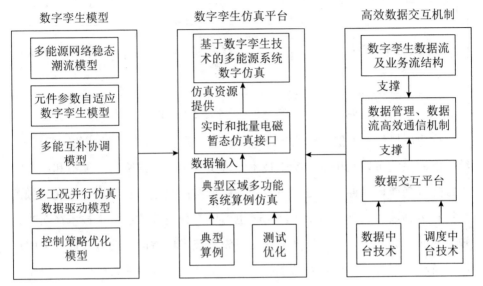

图 9-5　基于数字孪生的综合能源系统建模仿真平台架构

9.2.4　运行优化控制应用

综合能源系统能够凭借自身多能源、多负荷和多储能的优势对多种可再生新能源进行灵活调度和消纳，并合理运用各类控制算法来进行耦合转化和梯度优化，同时广泛采集监控层中的实时风险信息和故障数据，根据历史数据评估结果生成相应的预测控制方案或优化策略。

融合了数字孪生技术的综合能源系统可以利用并行实时仿真平台来完成控制策略校验和风险规避决策等工作，并在此基础上根据优化方案对监控层的各项基础控制参数进行调整。基于数字孪生的综合能源系统优化运行构架如图9-6所示。

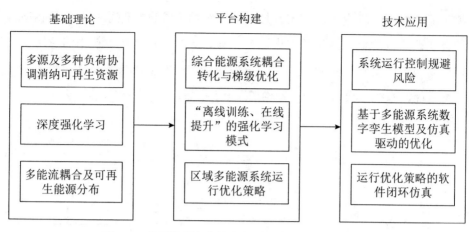

图 9-6 基于数字孪生的综合能源系统优化运行架构

构建虚拟仿真模型是对综合能源系统进行数字孪生架构设计的重要环节。综合能源系统可以利用数字孪生技术实现实时镜像、前瞻运行模拟和动态特性跟随等功能，以便有效处理对各个系统架构的规划设计、运行优化、预测维护和多领域协调互动等工作，同时也可以充分发挥数字孪生技术在实时感知方面的优势，综合运用计算机视觉等先进技术以智能化的方式提高电网巡检的自动化程度，节约人力成本，并借助实时决策推演能力来对各项复杂度较高的电力设备的整个生命周期进行有效管理，充分确保电力工程的安全性和可靠性。

现阶段，大多数综合能源系统都将稳态模型作为运行优化的基础，但一般的模型大多与系统运行环境和工况等因素息息相关，且难以对系统中各类能源的生产、传输、转换和消费特征进行准确描述，因此综合能源系统顺利落地并稳定运行需要综合考虑各项装置的实际情况，并提高这些装置运行的精细化程度。

数字孪生在综合能源系统中的应用能够精准刻画系统实时状态，展示系统状态的全景镜像和行为特征，在数字空间中集成各类能源的调度响应速度、转换效率、装备状态、管线阻塞、传输耗散等相关信息，以便增强优化调度问题所涉及的信息的全面性，提高能源调度、能源管理和能源控制的精细化程度，丰富各类能源在生产、传输、消费等各个环节的管控形式，充分发挥出优化策略的应用价值。基于数字孪生的综合能源系统运行优化如图 9-7 所示。

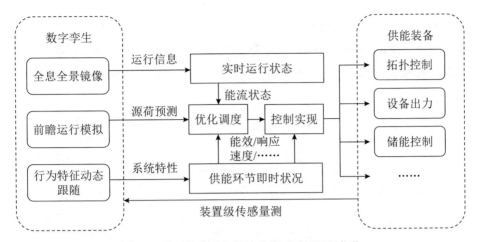

图 9-7　基于数字孪生的综合能源系统运行优化

综合能源系统可以利用数字孪生技术在实现虚实交互的同时确保交互的精细化水平，并在数字空间中对经过优化的运行控制策略进行关联映射，在物理空间中将各项策略高效落实到底层设备当中，以便根据各项真实的状态数据判断控制效果、优化控制策略，对功能装置进行精细化控制，并打造能够确保各项功能装置之间的协调性的控制闭环，全方位提高整个系统的调控水平。

9.2.5　运维故障预警应用

综合能源系统的运行维护情况能够直接影响到系统的运行成本、能效和可靠性。就目前来看，综合能源系统难以实现对城市地下电、气、热管线的状态的有效监测，主要以定期监测的方式来进行风险防范，无法精准判断系统运行风险，也难以最大限度地协调好系统运维成本与系统运维的安全性和可靠性之间的关系，可能会因故障问题造成较大损失。

在综合能源系统的运行维护过程中，数字孪生的作用主要体现在设备和系统两个层面。

①设备层面：综合能源系统可以利用传感量测数据和各项设备的历史运行数据购进设备级数字孪生体，并在此基础上实现对设备的健康度评价等功能。

②系统层面：系统级数字孪生可集成关键设备的风险特征信息，并综合运用同一类型的设备的故障特征数据、历史运维数据、能源系统量测数据等数据来精准呈现系统的风险状态，以便进一步优化状态检测、故障预警和预测维护等工作。

基于数字孪生的综合能源系统故障预警与预测维护示意图如图9-8所示。

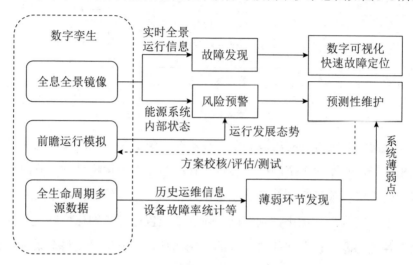

图 9-8　基于数字孪生的综合能源系统故障预警与预测维护示意图

数字孪生技术的应用在对综合能源系统的故障预警和预测维护方面主要发挥以下作用：

①数字孪生技术具有全息数字镜像和可视化的功能，能够与虚拟现实、增强现实等先进技术协同作用，广泛采集各个环节的内部状态信息，并以更加直观的方式向运维人员展示这些信息，以便相关工作人员及时发现和诊断综合能源系统中的异常和故障，同时安排现场工作人员利用来源于数字孪生的信息精准定位故障点，并对其进行修复处理。

②数字孪生技术具有集成和利用多源数据的功能，能够综合运用系统运行历史、发展态势、设备状态、同类型设备故障统计等信息进行研判，对供能环节的运行寿命和故障概率进行精准预测，从而优化预测性维护的效果，打造灵活性和高效性较强的评估环境和虚拟测试服务。

③数字孪生技术的应用能够在系统层面上对个体的装备状态对整个系统的运行情况所造成的影响进行描述，并设置包含装置能效、装置可靠性等数

据的整体系统级运行性能指标，以便在整体上把握系统运行的关键环节和不足之处，并在掌握各个环节的影响的前提下灵活设计运行方案，明确运维周期，进而达到减少系统运维成本支出和提高运维效率的效果。

9.2.6　城市能源安全应用

随着数字孪生等先进技术的发展和应用，智慧城市的信息化和数字化水平将得到进一步提高，并逐渐衍生出数字孪生城市的概念。由此可见，综合能源系统数字孪生能够在数字孪生城市中为城市的快速发展和高效运行提供强有力的支持。具体来说，综合能源系统数字孪生支撑下的智慧城市如图 9-9 所示。

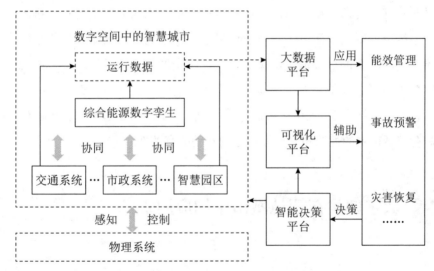

图 9-9　综合能源系统数字孪生支撑下的智慧城市

综合能源系统数字孪生具有较强的数据融合与利用能力，能够为建设和发展数字孪生城市提供坚实的能源大数据基础，为分析和应用各项高级数据提供强有力的支持。具体来说，数字孪生技术的应用能够集成电力、水力、热力和燃气等诸多能源消费数据，同时综合运用城市人口、气象和地理等信息对城市经济的发展情况和发展趋势进行研判，以便据此优化城市规划建设。不仅如此，数字孪生技术的应用还能为系统提供用户侧模型和数据，为系统精准刻画用户画像提供支持，以便进一步创新城市管理模式和商业运营模式。

为了保障城市安全，城市建设人员需要认识到能源安全的重要性，并充分发挥综合能源系统数字孪生的作用，以全景感知的方式来找出系统的运行风险和故障点，并及时解决安全问题，增强能源供应的安全性和可靠性。

综合能源系统数字孪生和城市管理系统的综合应用既有助于能源部门有效评估与预测自然灾害对城市能源安全造成的影响，也能充分发挥城市管理与调度功能，及时恢复关键负荷能源供应，缓解极端灾害对城市运行造成的影响。综合能源系统数字孪生是智慧城市的重要组成部分，能够在数据接口一致的前提下与城市相关各领域进行互动，从整体层面对城市的运行情况进行优化。

比如，随着电动汽车的应用范围越来越广，能源网和交通网之间的关系将日渐紧密。交通系统可以改变电动汽车充电需求的分布情况，并进一步对电力系统造成影响，而电力系统也可以通过调整充电站的服务和价格的方式来改变电动汽车的出行情况，进而达到影响交通系统的效果。综合能源系统数字孪生与先进控制和人工智能等技术手段的综合应用能够充分发挥城市交通状态等信息的作用，优化城市运行情况，借助虚实闭环实时调控能流和价格，提高智慧城市中的能源和其他领域之间互动的有效性。

9.3 数字孪生在智慧城市中的应用 »

9.3.1 数字孪生城市的发展历程

数字孪生中的"孪生"指的是真实的物理实体和与之相对的虚拟的数字模型。借助数字孪生技术，人们可以将现实世界的物体"克隆"到虚拟空间，形成一个与现实世界的物体一模一样的"克隆体"。数字孪生技术的应用范围极广，如果将这项技术应用于智慧城市建设，就可以仿照真实的城市在虚拟空间建造一个数字孪生城市。

数字孪生城市是利用物联网技术，参照建筑信息模型和城市的三维地理信息系统，将现实世界城市中的各项要素（包括人、物、事件、水、电、气等）数字化，在网络上创建一个与现实城市完全相同的虚拟城市，最终形成虚拟城市与现实城市同生共存、虚实交互的局面。研究数字孪生城市意义重大，下面从技术、应用现状、发展趋势等几个方面切入，对数字孪生城市建设以及城市建设过程中遇到的问题进行详细讨论。

随着大数据、互联网、云计算、物联网、人工智能技术等技术的快速发展，这些技术被引入各行各业，催生了一系列新概念。其中，在城市领域就出现了数字城市、智慧城市以及数字孪生城市等概念。

1998年，美国前副总统艾伯特·戈尔（Albert Arnold Gore Jr）提出"数字地球"这一概念，数字城市就是在数字地球的基础上产生的。数字地球是一个三维的信息化地球模型，利用大数据技术，参照地球坐标，对地球上的环境、人文、社会等信息进行整理，储存到计算机中，形成一个数字模型，通过网络共享，人们可以更直观、更全面地了解我们所在的这个星球。

数字城市指的是利用多元化的技术（空间信息技术、虚拟现实技术、数据库管理技术、计算机网络技术、数字化与网络化技术等）对地球上的地理、生态、人文社会等信息进行数字化处理，创建一个综合的数据库以及城市虚拟服务平台。简单来说，数字城市就是参照现实世界中的城市在计算机上创建一个虚拟的城市，为城市规划、管理与建设提供指导。

智慧城市这一概念起源于智慧地球，是智慧地球的重要组成部分。智慧地球指的是利用物联网、云计算等技术，促使数字地球与现实的人类系统相融合，让地球具备"智慧"属性。2008年，IBM公司提出智慧城市的理念；2010年，IBM公司提出建设智慧城市的愿景，掀起智慧城市建设热潮。

智慧城市建设离不开技术的支持，这些技术主要包括数字城市、物联网、云计算、人工智能。在智慧城市建设过程中，这些技术发挥着不同的作用。其中，物联网利用传感器将人、事、物连接在一起，实现万物互联，用户可以通过网络实时获取各种数据，并将自己拥有的数据实时上传至云端；云计算技术可以对数据进行存储、分析、控制、反馈；人工智能可以对数据进行挖掘，获取数据隐含的规则与信息。在这些技术的赋能下，计算机逐渐拥有

"智慧"，用于打造智慧城市，建设智慧政务、智慧交通、智慧医疗、智慧园区等。

从本质上看，数字孪生城市就是将工业领域的数字孪生技术引入城市治理，利用各种先进技术及传感器将物理世界的动态信息实时映射到数字世界，赋予数字孪生城市实时、保真的特点。在数字孪生城市模式下，城市利用数字化、网络化技术实现由实入虚，再利用网络化、智能化技术实现由虚入实，通过物理城市与数字孪生城市之间的虚实互动，保证物理城市有序运行。基于此，数字孪生城市具备了互操作性、可拓展性以及闭环性的特点。数字孪生城市建设将对新型智慧城市建设产生积极的推动作用，通过将虚拟空间创建的城市映射到现实的物理城市，促使城市基础设施不断完善，形成虚实相映、孪生互动的城市发展新形态。

综上所述，数字城市、智慧城市、数字孪生城市的发展是一个不断进阶的过程。数字孪生城市不仅是数字城市发展的最终形态，也将智慧城市建设提升到了一个新的高度。

9.3.2　数字孪生城市的支撑技术

数字孪生城市是利用 3S❶ 技术、物联网、人工智能、三维模型、建筑信息模型（BIM）以及城市智能模型（CIM）等技术创建的新型智慧城市，可以对城市中的建筑、交通、能源、医疗等要素进行监测、模拟仿真、分析和预测，提出智慧城市建设规划，对智慧城市建设进行指导。

在数字孪生城市建设的过程中，3S 技术可以获取城市的自然信息、人文信息和生态信息以创建基底模型，然后利用三维建模 BIM 和 CIM 等技术将城市中的实体建筑数字化，将其转化为计算机上的建筑，不断丰富数字孪生城市的功能，进而利用物联网感知技术创建神经网络，最后再利用人工智能技

---

❶　3S：指遥感（Remote Sensing，RS）、地理信息系统（Geographic Information System，GIS）和全球定位系统（Global Positioning System，GPS），其将空间技术、传感器技术、卫星定位与导航技术和计算机技术、通信技术相结合，通过多学科高度集成对空间信息进行采集、处理、管理、分析、表达、传播和应用。

术创建一个"智慧大脑"，赋予城市感知能力、判断能力、学习能力以及快速反应能力。

具体来说，数字孪生城市建设主要包括以下几种关键技术，如图9-10所示。

图9-10　数字孪生城市建设的关键技术

（1）3S技术

数字孪生城市建设的第一步就是城市信息化，城市信息化的一项重要手段就是3S技术。数字城市是借助城市信息基础设施、3S技术及计算机技术将城市中自然、社会、经济等领域的信息通过计算机呈现出来，对城市进行规划、建设和管理。从某个层面来讲，数字城市相当于一个城市信息管理平台和体系，其发展的最终形态就是数字孪生城市。

数字孪生城市建设同样需要借助3S技术实现城市信息化，例如利用遥感技术收集城市信息，利用全球导航卫星系统采集城市数据，利用地理信息系统对采集到的数据进行整合分析。这里的信息化覆盖的范围极广，不仅涵盖了自然环境、生态环境，而且涵盖了城市中的人文信息、经济信息，此外还要对分析城市信息的技术手段进行管理。

随着技术不断发展，传感器的类型越来越多，城市人文信息、经济信息的获取变得越来越方便。至于如何对社会传感网中的信息进行分析挖掘，还需要深入研究。总而言之，数字孪生城市建设需要大量自然、人文、生态信息，3S技术为这些信息的挖掘分析提供了便利，是数字孪生城市建设的重要支撑。

（2）物联感知技术

物联网指的是按照约定协议，利用射频识别、红外感应器、全球定位系统、激光扫描器等设备，将物品与网络连接在一起进行信息交换，最终实现智能化识别、定位、跟踪、监控与管理。物联网可以通过互联网获取现实世界的物体信息以及构建数字孪生城市所必需的城市信息。

一个城市想要实现健康运行离不开物流、制造、电网、交通、环保、市政、商业活动、医疗等要素的支持。物联网利用各种信息传感设备及系统，将人与物以不同的组织形式连接在一起，实现物物连接、人物连接和人人连接，形成一个智能化的城市信息网络。物联网技术可以全面感知城市信息，促使各类城市信息实现广泛连接，让计算机可以实时获取城市数据，让城市中的各个主体可以通过网络实现通信与交互。简单来说，在智慧城市中，物联网就像一个神经网络，可以赋予城市快速反应能力、优化调控能力以及智能感知能力，对智慧城市建设产生积极的推动作用。

（3）人工智能与深度学习技术

人工智能对于数字孪生城市来说就相当于人类的大脑，可以让城市具备思考、学习、分析和判断等能力。随着技术不断发展，人工智能产品的种类与数量不断丰富，智能计算的应用场景越来越多，所积累的数据规模越来越大，使得智慧城市建设对智能计算提出了大量需求。在数字孪生城市建设过程中，人工智能技术成为不可或缺的一项技术。

在数字孪生城市建设过程中，人工智能技术发挥着两大作用：一是有助于创建对象仿真、智能仿真、分布交互仿真、虚拟现实仿真等模型，对城市运行态势进行预测，对不同环境下城市的发展前景进行模拟，为城市规划、管理与决策提供参考；二是利用人工智能技术与深度学习技术对海量实时数据进行分析，开展自主学习，实现自主决策，对现实世界进行反向控制，赋予城市自主学习能力，实现智慧化转型与发展。

9.3.3　基于三维建模的智慧城市

传统的智慧城市建设已经可以系统地进行空间规划，针对二维 GIS 数据、瓦片式地形景观数据的管理技术已经非常成熟，对虚拟地球应用服务产生了积极的推动作用。但仅凭借二维平面数据和方案，远远无法满足智慧城市建设要求。在数字孪生城市建设过程中，对三维空间进行有效感知，实现实景可视化是关键。

在城市实景可视化方面，三维 GIS 技术是一项关键技术。相较于传统的二维 GIS 平台来说，三维 GIS 平台可视化的真实感更强。这种真实感源于两个方面，一是逼真的模型，二是高效的人机交互体验。同时，三维实景建模还可以通过"影像＋模型"的方式丰富计算机中的城市实景信息，对城市目标进行可视化查询，对数字孪生城市进行智能规划与管理。三维实景建模所用的影像是利用无人机航测、激光雷达、倾斜摄影等测绘信息技术获取的。

随着三维建模技术在城市规划、建设、运行、维护等环节的深入应用，三维 CAD 模型、三维建筑信息模型（BIM）、三维 GIS 模型相互融合，生成了一种全新的前沿技术。在数字孪生城市建设过程中，BIM 发挥着关键作用。BIM 的概念非常丰富，既可以指建设项目的数字化模型，又可以指在工程规划、施工、运行、维护等过程中创建并利用数字模型，对上述几个环节进行协同管理的整个过程。

作为一个数据存储库，BIM 涵盖了非常丰富的建筑信息，会使用面向对象的方法对建筑的特征、行为、关系等进行描述，在交通、水利、市政、电力、装饰等方面有着广泛应用，具有可视化、协调性、模拟性、优化性、可出图性五大特点，可以对建筑整个生命周期的信息进行管理，为智慧城市建设赋能。

在智慧城市建设过程中，信息化建设是非常重要的一个环节。BIM 的全开放数据可视化、开放共享性等特性与智慧城市建设非常契合，可以为绿色建筑、智慧城市建设提供强有力的支持。

除建筑外，城市还有很多基础设施，这二者加上地理信息最终形成了城市信息模型（CIM）。CIM 模型涵盖了城市的各种要素信息，包括地上的城市建筑及基础设施，地表的交通、能源、资源等，地下的各种管廊等，可以对二维数据、三维数据以及 BIM 数据进行高效管理与可视化分析。与 BIM 的不同之处在于，CIM 的作用对象不是单个建筑物或者项目群，而是整个城市，是对城市中各个要素、时间信息与空间信息的数字化表达。

CIM 的关键是创建一个集设计、计算、管理、评估于一体的平台，在这个过程中，城市信息数据的融合是难点。在 BIM 与 GIS 的支持下，平台搭建可以更快地进行。如此一来，利用 BIM 与 GIS 创建 CIM 就成为数字孪生城市建设的一个重要趋势。在智慧城市与数字孪生城市建设过程中，CIM 模型发挥着非常重要的作用，需要不断地更新要素，对数字孪生城市建设与发展产生积极的推动作用。

9.3.4 数字孪生城市的实践策略

作为一项具有代表性的新兴技术，数字孪生已经形成了一套具备普遍适用性的理论技术体系，在产品设计与制造、工程建设、企业数字化转型、数字经济发展以及其他学科分析领域实现了广泛应用。目前，技术自主与数字安全已经成为我国各产业领域的两大核心问题。数字孪生可以提高决策效率，对数据进行深度分析，对数字产业化与产业数字化产生强有力的推动作用，最终推动数字经济实现快速发展。

作为数字经济领域的一项关键技术，数字孪生在模型设计、数据采集、分析预测、模拟仿真等领域有着广泛应用，在产业数字化、数字经济与实体经济融合发展方面发挥着重要作用。当然，数字孪生的应用不止于此，未来还将成为新一代信息技术发展的新焦点、企业业务布局的新方向。

在不断发展的物联网、大数据、人工智能等技术的支持下，数字孪生技术及相关系统也实现了快速发展，数字孪生城市有了落地的可能。在国内，数字孪生城市有很多应用场景，覆盖了智慧园区、智慧政府、智慧学校、智慧医疗、智慧电网、智慧交通、智慧物流等多个领域。人们将 2020 年称为数字孪生技术应用元年。随着人工智能、三维数字化自动建模等技术不断发展，数字孪生的实现与应用变得越来越简单，为智慧城市等领域的可视化操作系统的创建提供强有力的支持，并推动产业互联网从 2D 内容发展到 3D 乃至4D，促使人类视觉实现从 2D 到 4D 的跨越。

目前，数字孪生覆盖的行业越来越多、应用范围越来越广，但还无法实现大规模应用，涉及的行业有限，还需要不断拓展。最重要的是，数字孪生技术应用于智慧城市建设面临着很多困难，主要表现在数据、基础知识库、多系统融合等方面。

（1）数据方面

在数字孪生城市建设过程中，数据发挥着至关重要的作用，但数据在数字孪生城市建设领域的应用也面临着诸多挑战，具体如表 9-1 所示。

表 9-1　数据在数字孪生城市建设领域的应用挑战

序号	应用挑战
1	数据采集能力不足，无法全面、准确地获取底层关键数据
2	数据采集标准不统一，导致无法准确地获取多维度、多尺度的数据
3	数据无法实现稳定传输
4	由于多源数据获取方式不统一、不完善，无法准确地获取数据
5	无法对海量数据进行存储与协同计算
6	通信接口协议与相关数据标准不统一
7	在数据开放共享方面没有形成完善的机制
8	多源异构多模数据无法实现集成、融合和统一
9	数据管理与存储领域存在安全隐患

（2）基础知识库问题

基础知识库问题主要体现在三个方面，如表 9-2 所示。

表 9-2　基础知识库面临的问题

序号	存在的问题
1	在系统层级方面，由于尚未实现数字化、标准化、平台化，各层级缺乏基础知识库，即便有基础知识库，这些基础知识库也无法实现互联互通，基础知识库的整体架构也不完整
2	在生命周期方面，基础知识库无法实现结构化、传承性、规划性
3	在价值链方面，基础知识库的应用价值不足、兼容性较差，并且没有形成明确的盈利模式

（3）多系统融合问题

数字孪生实现了多个系统的融合，这种融合覆盖了数据、模型与交互等环节。但目前，数据采集、数据传输、模型构建、交互协同等环节都没有与数字孪生实现深度结合。想要解决上述问题，必须从宏观与微观两个层面着手。

①在宏观层面，要全面推进数字孪生标准化设计，统筹推进机制；推动数字孪生在重点领域应用，产生良好的示范效应；围绕数字孪生产业数据模型共享创建科学机制；推出培训课程，展示数字孪生优秀平台或产品，并将成功经验推广应用；创建数字孪生产业开放与交流平台，推动产学研协同创新，

推动相关需求与技术稳步落地；培养数字孪生领域的专业人才以及具有数字孪生和其他领域知识的复合型人才。

②在微观层面，要在数据与硬件的基础上，利用各种算法构建大规模知识库、模型库与算法库，促使信息建模、信息同步、信息强化、信息分析、智能决策、信息安全等数字孪生关键技术实现稳步发展。此外，还要全面推进孪生公共服务平台建设，推动数字孪生技术与其他技术紧密融合，对数字孪生相关业务领域的基础理论、集成融合技术与方法进行深入探索。

从长期看，想要充分发挥数字孪生的作用、为数字孪生城市的创建产生积极影响，必须打通各个环节的数据，对整个生态系统中的数据进行整合。随着物联网、人工智能、大数据等新一代信息技术以及先进制造技术、新材料技术不断发展，将带动数字孪生技术不断优化、完善。

 9.4 **数字孪生在智慧交通中的应用**

9.4.1 我国智慧交通的发展历程

如今，数字化浪潮席卷全球，物联网、大数据和人工智能等新兴技术的应用越来越广泛，地理信息和全球定位等技术也在日益成熟，数字孪生在全球数字化进程中的地位日趋上升，并且率先在城市的发展规划、交通安防等领域投入应用。

我国交通运输部在2019年7月份发布的《数字交通发展规划纲要》中明确提出建设数字交通的战略方向，纲要中指出数字交通是"以数据为关键要素和核心驱动，促进物理和虚拟空间的交通运输活动不断融合、交互作用的现代交通运输体系"，这与数字孪生的契合度非常高。在交通感知和预警、紧急救援以及新兴的智能驾驶等方面，数字孪生可以利用数字标识、虚实映射、同步可视以及智能控制等先进技术提供新的方案，使得交通服务和管理更加便捷高效。

（1）我国智慧交通发展历程

信息化时代促进了新一代科技、地理信息和仿真建模等多种技术不断发展融合，数字孪生技术在交通运输中的应用也日渐成熟，给我国交通运输系统的发展带来了新机遇。

①起步阶段：20 世纪 90 年代～ 2000 年。20 世纪末，在西方信息科技发展迅速并趋于成熟的社会背景下，国外的系统设备供应商参与并主导我国交通工程建设的信息化转变。与此同时，国内积极研究传统行业与新兴科技的融合，初步确定我国智慧交通理念的发展思路。

②实质建设阶段：2001 ～ 2010 年。21 世纪初，我国的智慧交通发展步入新阶段。2002 年，科技部在北京、天津、上海等 10 个现代化大城市进行了首次智慧交通应用的演示，这也是我国交通系统向智能发展迈进的重要的一步。

2006 年，科技部在"十一五"期间，把"国家综合智慧交通技术集成应用示范"列为国家科技支撑计划的重要项目，为智慧交通系统的建设和发展提供了强有力的政策和技术支持。2008 年，国家首次提出智慧城市的概念，智慧城市建设离不开智慧交通的支持，此新概念一出，很多高新企业积极配合国家政策，大量的智慧交通的软硬件产品被研发出来，有力推进了智慧交通的发展进程。

③高速发展阶段：2011 年至今。从 2011 年到现在，我国智慧交通的发展迈上新台阶。我国的智慧交通技术核心竞争力日趋增强，在国家智库、科研机构、高校、国企等领域创建了比较完善的交通创新体系。智慧交通的高速发展为互联网企业、硬件厂商以及系统集成商等带来了新的机遇。

智慧交通的发展离不开数字孪生技术的引领，但要想实现数字孪生在交通系统的全局管理、同步可视、虚实互动，还需要国家、社会和企业的共同努力。

（2）基于数字孪生的智慧交通理念

简单来讲，基于数字孪生的智慧交通理念指的是依据数字孪生技术，在数字空间中构建一个与现实交通系统发展、运行模式一致的动态数字模型。

对基于数字孪生的智慧交通理念进一步阐释，其实就是利用智能的采集、传输和应用体系，将交通系统的要素、运行、管理和服务分别向数字化、可视化、智能化和个性化方向转变，通过模拟交通运行、数据建模分析以及模式升级优化等方法，推动交通管理和服务的智能化升级，实现交通运输系统的智能化高效运行。交通系统在未来的发展中，可以优先参照数字孪生理念，在交通规划、建设、运营、管理和服务等不同的领域开拓出新的发展路径。

9.4.2 数字孪生交通的发展现状

对于数字孪生在交通系统的应用，国家给予高度肯定并大力支持的态度，并及时出台相关的政策法规，为数字交通提供了政策支持：

- 2017 年 1 月发布的《推进智慧交通发展行动计划（2017—2020 年）》认定，建筑信息模型（BIM）在智慧交通发展中起到至关重要的作用，为加强交通系统的运行和监管，建议将建筑信息模型应用于重大交通设施项目的规划、建设和运营中。
- 2019 年 7 月印发的《数字交通发展规划纲要》强调，数据化、全景式的展现方式能够对交通系统的在线监测和预警等功能提供更为准确安全的技术支持。
- 中共中央、国务院在 2019 年 9 月印发的《交通强国建设纲要》中明确指出，推进互联网、大数据、人工智能等新兴技术融入交通行业中，大力支持智慧交通的发展。

科技部、工信部等为推动智慧交通的发展，在关键技术研发、技术应用创新以及产业融合发展等多个方面也出台相关政策，比如：

- 2017 年 12 月，工信部发布《促进新一代人工智能产业发展三年行动计划（2018—2020 年）》，在该计划提出的重点目标中，其中一项是促进人工智能渗透融入传统交通行业中。
- 2019 年 6 月，科技部开展专项支持行动，在"综合交通运输与智慧交通"研究方向给予科研经费支持，倡导产学研用联合申报，促进交通领域智能化发展。

随着社会和科技的持续发展，智慧城市的建设逐渐步入正轨，而其中一个重要内容是智慧交通的发展。近几年，在科技迅速发展的引领下，我国智慧交通发展速度不断提升，相关规模也日益壮大。

在智慧交通的发展过程中，交通大脑应运而生，它是汇集大数据、物联网、人工智能、云计算、移动互联网等新一代信息技术，并对其综合运用而产生的新型的应用支撑平台。交通大脑在交通运行中的地位举足轻重，其内部拥有海量的实时交通数据，通过新一代信息技术进行数据分析、决策判断以及结果评估，能够准确有效地判断城市交通的运行状况，提升城市交通规划管理与综合态势感知能力，并提高紧急事件响应和处理的效率。

目前，数字经济正渗透融合到各个行业中。数字孪生作为新兴技术与传统产业融合的重要手段，在诸多技术领域都有涉猎。在智慧交通领域，系统集成商、硬件设备供应商、互联网等均需要与城市交通相融合，打造以数字孪生为基础的新型交通系统。

9.4.3　基于数字孪生的智慧交通应用

在数字经济全球化发展的推动下，数字孪生的应用日益广泛，其感知系统灵敏且覆盖全面，资源数据系统准确且全网共享，交通大脑支撑平台先进且实时可用，城市操作系统及时且全程可控，这给城市道路预警、紧急救援线路制定以及信号联网优化提供了坚实的技术资源支撑，城市交通实现数据管控指日可待。有研究表明，数字孪生在交通领域的应用，将来可以实现以下几点，如图 9-11 所示。

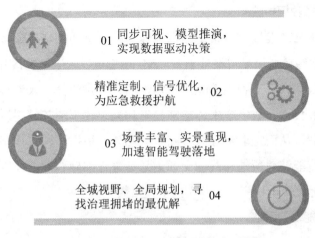

01　同步可视、模型推演，实现数据驱动决策

精准定制、信号优化，为应急救援护航　02

03　场景丰富、实景重现，加速智能驾驶落地

全城视野、全局规划，寻找治理拥堵的最优解　04

图 9-11　数字孪生在交通领域的应用价值

（1）数据驱动决策

实时采集交通数据、同步观察交通运行、推演交通模型等，都可以通过数字孪生技术来实现，并进一步通过数据分析制定方针。

①在采集数据时，多种类型的感知终端采集不同方面的数据，并进行整合分析。比如，利用智能信息杆柱等集约式感知终端，采集视频监控和气象信息的相关数据；借助镶嵌于道路桥梁等大型设施内部的传感器等嵌入式感知终端，采集道路通行、交通设施的相关数据；通过道路监控、RFID等独立式感知终端，采集个人、车辆的运行路线等相关数据。

②当呈现数据时，借助单体化建模、语义化技术建模以及三维建模，利用数据可视化、综合渲染等技术将数据呈现出来，根据现实世界的运行特点在虚拟世界中创建交通模型，有效发挥交通数据在智慧交通建设中的作用。

③在推演模型时，数字孪生技术拥有高精密度，在构建交通仿真模型以及出具交通政策方面提供坚实的技术支撑，在气象预测、抗洪防汛、交通运输等贴切生活的方面实现落地可行。比如，在道路建设前，数字孪生技术通过数据分析建模，能够对道路需求做出合理的预测。道路运行时，数字孪生技术通过对模型的推演，模拟交通运行状况，实时预警可能会出现的拥堵和紧急情况。数字孪生模型也可以结合道路设施、数据系统和用户，精准辅助交通管理者的工作，从而合理布局城市交通。

（2）应急救援护航

伴随经济高速发展，城市道路网加速运行，交通拥堵现象屡见不鲜，为急救车辆开辟绿色通道显得格外重要，数字孪生可以为应急救援开创新途径。

利用大数据、人工智能等先进技术，结合道路特征、人流车流等信息，借助交通仿真技术，数字孪生体能够精确预测急救车辆在救援过程中经过各个路口的时间，从而选取最佳救援路线。此外，根据不同救援车辆的需求，数字孪生系统能够对所选路线的交通信号灯进行准确合理的控制，大幅提升救援效率，优化城市秩序，提升人民幸福指数。

（3）智能驾驶落地

目前，在制约智能驾驶发展的问题中，车辆自适应能力的提升是重中之重。

车辆只有具备应对复杂场景的能力，智能驾驶的安全稳定性才能够提高。

数字孪生利用数据的精确度和实时性，能够为高精度城市地图的实时更新提供有力保障，给智能驾驶技术奠定坚实的数据基础。数字孪生还拥有成熟完整的仿真系统，能够综合天气、光线、地形、交通标志和交通流等信息，结合行车的动力学、传感器等的驾驶系统，模拟智能驾驶的全过程，同时，对智能驾驶过程中所有可能出现的场景进行预测和训练，保证智能驾驶的安全性和可执行性。

（4）高效治理拥堵

全局考虑城市道路信息网、准确量化城市交通特征，一直是交通工作者追寻的终极目标。数字孪生可以很好地解决城市全域道路网结构复杂、交通信息瞬息万变带来的问题，并提出行之有效的城市交通全局策略。

数字孪生采用全要素数据汇集的方式，全域采集城市数据，描绘建筑道路特征，生成城市画像，准确洞察交通动态。另外，利用城市 PB 级的数据，数字孪生体能够进行交通仿真的模拟训练，以提升交通决策的可行性和高效性。在道路供给侧，可以加大对道路供给的决策力度，致力于建设新时代高质量道路网，优化道路网络体系，提升出行方便度；在交通需求侧，通过对实时数据和全域道路网络的分析，及时掌握用户的出行需求，合理配置交通资源，减少出行拥堵的概率和时长，提高出行效率。

9.4.4　我国智慧交通产业的实践策略

智慧交通系统能够高效解决交通拥堵等诸多问题，并为数字孪生技术在交通领域的应用打造良好开端。随着人工智能、大数据、物联网等技术的持续发展，未来交通系统的工作将更加注重提升全域的交通效能，准确利用信息流，合理规划城市交通的发展路径。为使数字孪生尽快与交通系统相融合，推进城市智慧交通的发展和应用，可以从标准、机制和应用三个方面切入实践，如图 9-12 所示。

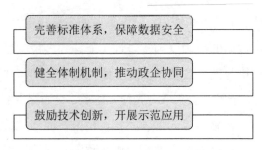

图 9-12　城市智慧交通的发展和应用实践

①完善标准体系，保障数据安全。在交通基础设施体系方面，需要加快融入新兴智能技术，完善智慧交通的基础设施建设标准，推进交通运输信息化标准体系建设，使得信息技术和交通运输能够同步规划、设计和践行。在交通数据安全体系方面，需要高度重视国家利益、公共安全和用户的信息安全，全面优化交管机构和科研机构等的信息保密系统，提升安防意识，切实保护国家、社会和个人的利益。

②健全体制机制，推动政企协同。建立健全数字交通的运行机制，开拓新型运营模式，吸引各界资本参与，实现数字交通基础设施的优化升级；倡导政企合作，开放数据资源体系，实现交通数据资源共享，并依据国内现状进行基础设施建设、运营管理等方面的整顿优化，实现智慧交通的长期可持续性发展；持续完善交通治理结构和规章制度，推动交通治理的长效发展。

③鼓励技术创新，开展示范应用。增强交通领域技术人员对数字孪生的重视程度，对相关层面的技术创新和产品研发给予鼓励；开展数字孪生应用示范，鼓励拥有数字孪生平台、技术和服务的优秀企业在示范区优先投入使用，凸显智慧交通融合数字孪生的优势，加快智慧交通的推广和普及。